手工餅乾的基礎

L'école Caku Cookie Book

懷抱著緊張的心情，我出版了第二本書。如果說第一本著作《法國在地點心》是我在遊學歸國後最想深入探討的主題，這本書就是我的烘焙起點，也是我最愛、最努力學習的甜點——餅乾。

我開設了一家甜點專門店「L'école Caku」，如果你問我店裡賣最好的品項是什麼？我不用思考就能回答：「餅乾」。過去這段時間，我開設了各種餅乾課程，也販賣各式各樣的餅乾。讓我告訴各位一個祕密，這家「L'école Caku」的前身「Caku」，起初的設想就是餅乾專賣店。雖然後來因為經營的考量增加了品項，但在最一開始我腦海中的畫面，就是擺放各式餅乾與牛奶的小店舖。

熱愛餅乾的我，烘焙生涯初次的挑戰就奉獻給了巧克力餅乾。當時下定決心學習烘焙而買了書練習，最初嘗試的，就是巧克力餅乾。成功完成第一批餅乾後（其實現在回想起來，當時烤的餅乾八成沒有熟透，只有自己覺得很好吃），又繼續存錢搜刮一本又一本的餅乾食譜，嘗試不同種類的餅乾。

就在我對烤餅乾自信滿滿之時，恰好到澳洲進行一趟語言學習之旅，也因此開啟了新世界。在雪梨的一間商店內，擺放了無數的烘焙材料和工具，即使只想買塊奶油，架上也擺放了數十種品項供人挑選。幸虧當時的寄宿家庭樂於讓我使用他們的廚房烘烤餅乾，並且十分支持我。我會在上學途中先繞去書店閱讀相關書籍，放學順道買材料，並在回家吃完晚餐後，烤烤餅乾當點心享用。每次在書中發現美味無比的餅乾食譜，我就會雀躍地在上頭標記五顆星星，寫上「so good!」。

寫這本書的同時，我回想起了充滿好奇心、既期待又興奮的那段歲月。一邊翻閱食譜一邊想像其風味，思考自己想要嘗試的餅乾。希望大家遇到自己喜歡的口味時，也能像找到寶物般，在上面標記五顆星星。書中的食譜有許多不同的變化，但都是初學者也能輕鬆跟著做的基礎餅乾，同時我也將這些年來學員常提出的問題收納其中。希望各位能夠經常翻閱這本書，甚至沾上麵粉也無妨，讓這本書帶領你們品嘗到心目中的美味。謝謝！

金多恩

Contents

1

Baked Corn Cookies
烤玉米餅乾

texture　crispy
level　★　　　034

2

Peanut Crack Cookies
花生醬餅乾

texture　crispy
level　★　　　038

3

Whole Wheat Macadamia Cranberry Cookies
堅果蔓越莓全麥餅乾

texture　soft
level　★　　　042

手壓餅乾

4

Mint Chocolate Fudge Cookies
薄荷巧克力餅乾

texture　moist
level　★　　　046

5

New York Chocolate Chip Cookies
紐約巧克力餅乾

texture　moist
level　★　　　050

6

German Chocolate Cookies
德式巧克力餅乾

texture　crispy
level　★★　　054

7

Vanilla Sable
香草沙布列餅乾

crispy
★★ 058

8

Cheese Moon Cookies
起司月亮餅乾

soft
★★ 064

9

Potato Stick Cookies
起司薯條餅乾

crispy
★★ 068

刀切餅乾

10

Almond Biscotti
義式杏仁脆餅

crispy
★ 072

11

Cinnamon Roll Cookies
肉桂捲核桃餅乾

crispy
★★ 076

12

Barley Grass Marble Cookies
青麥大理石餅乾

crispy
★★ 082

13
Potato Butter Ring Cookies
馬鈴薯奶油圈餅

texture crispy
level ★ 088

14
Corn Butter Ring Cookies
玉米奶油圈餅

texture crispy
level ★ 092

15
Churros Cookies
吉拿棒餅乾

texture crispy
level ★ 096

擠花餅乾

16
Savory Cookies
芝麻糖餅乾

texture crispy
level ★★ 100

17
Yuja Sour Ball
柚子雪球

crispy
★ 104

18
Black Sesame Ball
黑芝麻雪球

crispy
★ 108

裹粉餅乾

19

Apricot Black Tea Cookies
杏桃紅茶餅乾

crispy
★★   112

20

Coffee Bean Cookies
咖啡豆餅乾

crispy
★★   118

21

Raspberry Jam Cookies
覆盆子果醬餅乾

texture   chewy
level   ★★   122

果醬&夾心餅乾

22

Brownie Cookies
濕潤布朗尼餅乾

texture   moist
level   ★★   128

23

Gapyeong Pine Nut Brittle
夾心松子脆餅

texture   crispy
level   ★★   134

24

Apple Pie Cookies
蘋果派餅乾

texture   moist
level   ★★★   142

25
**Blueberry Ganache
Sand Cookies**
藍莓甘納許夾心餅乾

texture moist
level ★★ 148

26
**Cheese
Sand Cookies**
起司三明治餅乾

texture crispy
level ★★ 156

27
**Red Bean Paste &
Butter Cookies**
紅豆奶油吐司餅乾

texture moist
level ★★★ 162

28
Butter Cookies
奶油夾心餅乾

crispy
★ 168

29
**Lemon Chia Seed
Cookies**
檸檬奇亞籽餅乾

crispy
★★ 174

30
Banana Cookies
香蕉巧克力餅乾

crispy
★★ 180

模型餅乾

31
Honey Marron Cookies
蜂蜜栗子餅乾

moist
★★   186

32
Coconut Fortune Cookies
椰子幸運籤餅

crispy
★★★   192

33
Brown Rice Florentin
玄米佛羅倫丁

crispy
★★★   196

34
Berry Berry Chocolate Pie
莓果巧克力派

soft
★★★   204

35
Peacan Caramel Cookies
胡桃焦糖塔餅

soft
★★★   212

Before
Baking

麵粉 FLOUR

麵粉依蛋白質含量分為低筋麵粉、中筋麵粉、高筋麵粉。

低筋麵粉

蛋白質含量8-10%的麵粉。粉質最為細緻，一般用於製作餅乾、蛋糕等。因為麩質較少，麵團不會過於有韌性，適合用於酥脆或柔軟口感的餅乾、蛋糕。

中筋麵粉

蛋白質含量10-12%的麵粉，介於低筋和高筋之間，主要用於製作麵條和煎餅。雖然不常用於糕點製作，但要呈現濕潤或堅韌口感時，可以混合其他麵粉一起用，有時也會單獨使用。

高筋麵粉

蛋白質含量12-14%的麵粉。粉質最為粗糙，做出來的成品口感較為紮實，主要用於製作麵包。由於顆粒粗糙，較不容易黏著於麵團，因此也常當手粉使用。

全麥麵粉

以整顆麥粒磨製的麵粉，蛋白質含量最高，也富含膳食纖維。

奶油 BUTTER

奶油大致分為「有鹽奶油」和不加鹽的「無鹽奶油」，烘焙時基本上使用無鹽奶油。除此之外，還有加入乳酸菌發酵的發酵奶油，和一般奶油的風味不同，依個人喜好選用即可。

* 本書中除了標示冰冷狀態的奶油，其他奶油皆在室溫、柔軟的狀態下使用。每種餅乾適合的奶油狀態皆會於食譜中說明。

蛋 EGG

本書中使用的有全蛋液，以及分開的蛋黃和蛋白。雞蛋使用前，至少要先放置室溫三十分鐘，恢復常溫再使用。若雞蛋呈現冰冷狀態，容易導致麵團中的奶油遇冷變硬而分離現象。

糖 SUGAR

砂糖是決定餅乾口感與形狀的關鍵食材，請務必按照食譜使用。

白砂糖

由甘蔗萃取出原糖，再經分離、脫色、精製而成的糖。白砂糖的純度比紅糖、黑糖高，烘烤後的餅乾較不易散開，適合用於製作形狀方正、口感酥脆的餅乾。

紅糖（台灣多稱為「二砂」）

紅糖的精製程度介於白砂糖和原糖之間，帶有獨特的淡淡香味，保濕能力比白糖優異，因為高溫烘烤過後易融化，常用於形狀比較自然、不講究工整的餅乾。

黑糖

帶有濃厚而獨特的香味。黑糖的精緻程度較砂糖低，因此不純物質相對較多，烘烤時容易膨脹。由於保濕能力佳，常用於製作需要濕潤口感的餅乾。

蔗糖

將甘蔗榨汁熬煮後製成，沒有經過精緻過程的天然糖。蔗糖帶有天然的果乾風味，適合加入使用全麥粉或果乾口味的餅乾中。

純糖粉

糖粉指的是以白砂糖磨成的粉，有分為純糖粉，以及加入3-5%澱粉（多為玉米澱粉）混合的種類。本書使用的為100%白砂糖的「純糖粉」。

防潮糖粉

在糖粉中混合油脂等其他不易吸收水分的成分，以防止糖粉潮濕、融化，主要用於裝飾。

巧克力 CHOCOLATE

巧克力有分幾種不同形式，本書中若沒有特別標註可可粉、巧克力塊，指的多半是烘焙用的鈕釦巧克力，其又分為調溫與免調溫兩種。

調溫巧克力

可可脂含量超過31%、固態可可超過2.5%，不添加任何其他油脂的巧克力。本書餅乾麵團中的巧克力不需要調溫，直接加入麵團中攪拌即可。但若要製作成鏡面巧克力、巧克力塊等單獨使用的巧克力，就必須先經過調溫處理。

*本書中的白巧克力、薄荷巧克力、黑巧克力皆為調溫巧克力。

免調溫巧克力

為提升使用性而添加植物性油脂的巧克力。風味略遜於調溫巧克力，但具有不必調溫、能快速凝固的優點。

可可脂

將可可豆加工萃取出的天然油脂。可可脂在30℃左右就會融化，可以在口腔中感受到入口即化的口感。時常用來製作調溫巧克力，或是慕斯蛋糕表面的淋面等裝飾。本書中用於製作白色裝飾巧克力，可以做出比較薄透的質感，若沒有也可省略。

香草 VANILLA

香草莢

不同產地、品種的香草莢，也會有不同的香氣，其中又以馬達加斯加、大溪地產的香草莢最為知名。劃開外殼，以刀背刮取出中間的香草籽使用。刮出籽後的香草莢，可以泡入牛奶或奶油液中增加香氣，也可以洗淨晾乾後插入砂糖做成香草糖，或磨碎成香草粉。

香草精 & 香草籽醬

將香草莢浸泡酒精一段時間製成的水溶性香料。香草精易溶於水，也容易蒸發，因此適合加入不需加熱的液體食材中使用，可加強香草風味。

香草油

將香草莢浸泡在油中，製成帶有香氣的脂溶性香料。香草油不會因為遇熱蒸發，適合用於需加熱的食材。

香草糖

將取出香草籽的香草莢插入砂糖中，靜置待香氣釋出後，便是帶有香草氣味的砂糖。香草糖的香氣淡雅，不像香草精、香草油強烈，適合用於想要隱約增添香氣的時候。

香草莢粉

本書中使用的香草莢粉，是將取出籽後的香草莢乾燥再磨粉製成。香氣雖然不如香草莢優異，但價格比香草莢便宜，且方便保存，使用上較為方便。

膨發劑 BAKING SODA & BAKING POWDER

烘焙小蘇打

由碳酸氫鈉組成的膨發劑，能夠透過產生二氧化碳使麵團膨脹。添加小蘇打粉的麵團色澤略微偏黃。使用時必須斟酌用量，以免產生苦味、皂味。因為小蘇打粉產生二氧化碳量不多，麵團不會過度膨脹。

泡打粉

改良小蘇打粉而成的膨發劑，由碳酸氫鈉加上酸性劑和澱粉製成，不會讓麵團變色，也不帶苦味。但須注意開封後避免久放於常溫，以免產生氣體反應，影響麵團膨脹的效力。

HOW TO MAKE COOKIE

本書中的餅乾製作流程大致分為兩大類，只要瞭解這兩種流程，即使是第一次自己做餅乾的初學者，也能成功做出書中的所有餅乾。下方也同步附上示範影片，可以先掃描QR碼觀看，快速掌握動態流程。

\ 動態示範 /

Type 1. 以軟化奶油製作麵團

❶ 將奶油置於常溫中軟化。
　一般餅乾食譜中指的「軟化奶油」，大約是以手輕捏會稍微陷入的程度。奶油的狀態不同，完成的餅乾口感和風味也有所差異，建議參考各食譜提供的溫度製作。

❷ 慢慢攪拌軟化奶油。

❸ 一邊攪拌，一邊分三次加入砂糖和鹽。
　每次加入後，先拌勻再加下一次。攪拌不是為了讓砂糖融化，而是與奶油拌勻，因此分批加入的均勻程度會比一次全加好。若使用糖粉，必須先過篩再使用，以免結塊。

* 有些食譜需要一次加入所有糖攪拌。

❹ 將液體食材分兩至三次加入，一邊慢慢攪拌。
每次加入拌勻後，再加下一次。

* 有些食譜需要一次加入所有食材攪拌。

❺ 將粉類食材先過篩再加入。
請用刮刀如同切麵團般先從中間直線劃開，再刮過碗底將食材往
上翻，重複「切拌」的動作拌勻。麵團過度或長時間攪拌容易出筋
影響口感，攪拌至看不到粉末顆粒的狀態即可。

❻ 加入水果乾、堅果、巧克力等食材，同樣用刮刀切拌至均勻即可。
麵團完成後，即可依照食譜指示放入冰箱靜置或烘烤。

\ 動態示範 /

Type 2. 以冷藏奶油製作麵團

❶ 先將粉類食材過篩,再從冰箱中取出奶油、切成小丁。
冷藏狀態的奶油較硬,先切成丁狀比較容易和其他食材拌勻。

* 奶油請依照食譜中標示的溫度準備。

❷ 用手拌勻食材後,將奶油捏碎。
翻拌過程中需避免手溫讓奶油融化,先將食材拌勻,讓粉類包覆奶油後,再將奶油捏碎,完成後的麵團呈現粗粒般的狀態。

❸ 加入液體食材拌勻。
液體食材的溫度要偏涼，避免奶油接觸後融化。輕輕攪拌，讓液體均勻吸收至麵團中即可。

❹ 將麵團放到工作台上（先撒少許手粉避免沾黏），用手掌重複壓開、揉合兩次，讓食材均勻混合。麵團完成後，依照食譜標示放入冰箱靜置或烘烤。

烤箱 OVEN

本書中的烘烤溫度和時間以「旋風烤箱」為基準（書中使用的是SEMG旋風烤箱）。

考量到有些讀者可能沒有旋風烤箱，因此我也以家庭用小烤箱（KitchenAid電烤箱）做了測試，將溫度調至比旋風烤箱低5℃，烤出來的效果和旋風烤箱相同。

現在市面上有很多功能強大的小烤箱和氣炸鍋，即使沒有昂貴的烤箱，也能烤出完成度相當高的餅乾。不過要注意，各品牌、產品的火力大小和溫度設定不盡相同，必須依照實際烘烤狀態調整。第一次烘烤的時候，可以先取相似大小厚度的麵團測試，找出適當的溫度和時間。

溫度計 THERMOMETER

奶油是製作餅乾最重要的食材之一，為了確認最佳的奶油狀態，務必準備一支溫度計。測量奶油溫度時不是量表面，而是內部溫度，因此使用針狀的料理溫度計，會比紅外線測溫槍還要適合。此外，煮果醬時也需要使用到溫度計。

其他工具 TOOLS

烤盤 & 烘焙墊

本書中大部分的餅乾，都是直接放在烤盤上烘烤，不會墊烘焙紙。若墊烘焙紙烘烤，餅乾底部的顏色會比較淺，且紙張的皺褶也可能導致餅乾破裂。

因為餅乾中含有許多奶油，直接放烤盤也不易黏著，因此除了特殊的情況以外，都可以直接放在烤盤上烤。若烤盤沒有鍍膜，可以先塗一層薄奶油，以紙巾輕輕擦勻後，再放上麵團。

此外，壓平烘烤的餅乾因為必須要有空間讓水蒸氣蒸發，多半會放到烘焙墊（有許多洞的矽膠墊）上烤。但如果沒有烘焙墊，直接放在烤盤上也無妨，只是烤完的餅乾底部可能會有小洞，沒有那麼平整。

Baked Corn Cookies

烤玉米餅乾

這款餅乾的誕生，是因為我想要重現小時候愛吃的玉米餅乾滋味。烤玉米餅乾帶有清爽的甜度，口感酥脆，愈嚼香氣愈濃烈。餅乾完全放涼後吃起來脆口，剛烤好時則很適合搭配香草冰淇淋，享受美式家庭甜點的氛圍。

Cookies	Tools	Temperature	Oven Time
10片 （直徑8cm）	直徑5cm 冰淇淋勺	175℃	16分鐘

Ingredients

無鹽奶油 112g
細砂糖 140g
鹽 2g
全蛋液 32g
中筋麵粉 107g
玉米粉 35g
泡打粉 1g
烘焙小蘇打 1g

裝飾：罐頭玉米粒 40g

Keeping

麵團－冷凍2週

◆ 冷凍麵團先放到冷藏解凍後再使用

餅乾－室溫1週、冷凍1個月

◆ 冷凍過的餅乾先放於室溫解凍，再以175℃回烤3分鐘

1. 在碗中放入冰冷的奶油（14℃），輕輕拌開來。

2. 一邊分三次加入細砂糖和鹽，一邊拌勻。

point 先拌勻後再加入下一批糖，直到所有砂糖和奶油拌勻。

3. 加入全蛋液後，以低速攪拌均勻。

4. 加入過篩好的中筋麵粉、玉米粉、泡打粉、小蘇打粉，以刮刀切拌均勻。

point 攪拌至完全無粉粒的狀態。

5. 用冰淇淋勺挖取麵團，放到烤盤上。

    point 麵團烘烤後會攤平變大，需保留適當間隔。

6. 將罐頭玉米粒瀝乾，放到麵團上裝飾。

    point 玉米粒放4-5顆即可，以免水分過多導致餅乾變濕。

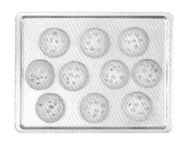

7. 放入預熱至175℃的烤箱，烘烤16分鐘即完成。

    point 取出後直接在烤盤上放涼。

使用冰淇淋勺處理麵團很方便，一球就是一片餅乾，若沒有的話，也可以先分切麵團，再用手揉成圓球。

Peanut Crack Cookies

Cookie
2

花生醬餅乾

這款餅乾在烤的時候，整個空間都充斥著濃郁的花生香氣！餅乾的酥脆中夾帶花生硬脆的口感，是這款餅乾的亮點。花生可以依照個人喜好改成胡桃、核桃、黑芝麻等，都很適合。

Cookies	Temperature	Oven Time
11片 （直徑7cm）	175℃	18分鐘

Ingredients

無鹽奶油 55g
花生醬 60g
紅糖 90g
鹽 1g
全蛋液 25g
低筋麵粉 70g
泡打粉 1.2g
花生粉 10g

外層：細砂糖
裝飾：花生仁

Keeping

麵團－冷凍1週
✦ 冷凍麵團先放到冷藏解凍後再使用

餅乾－室溫10天、冷凍1個月
✦ 冷凍過的餅乾先放於室溫解凍，再以175℃回烤3分鐘

039

1. 在碗中放入室溫軟化的奶油（21℃）和花生醬，攪拌至顏色均勻。

2. 分三次加入紅糖和鹽，一邊慢慢攪拌。

point 先拌勻後再加入下一批糖，直到所有砂糖和奶油拌勻。

3. 加入全蛋液，以低速拌勻。

4. 加入過篩的低筋麵粉、泡打粉，用刮刀切拌均勻。

point 攪拌至完全無粉粒的狀態。

每個品牌的花生醬吃起來不同，請選用口感柔順的花生醬。這個食譜使用的是不含花生顆粒的SKIPPY的柔滑花生醬，其他品牌也可以，只是餅乾成品會稍有不同。

5. 加入花生粉拌勻。

6. 將麵團分成每份28g，先揉成圓形、再滾一層白砂糖。

7. 放上烤盤後，在表面壓入裝飾的花生片。

8. 放入預熱至175℃的烤箱，烤18分鐘即完成。

point 取出後直接在烤盤上放涼。

Whole Wheat Macadamia Cranberry Cookies

堅果蔓越莓全麥餅乾

有時候就是特別想吃有著滿滿堅果的餅乾！這個配方中使用的是黑糖，特有的甜味加上全麥的香氣，搭配夏威夷果仁、蔓越莓和白巧克力，酸酸甜甜，口感豐富又有層次。吃起來很有飽足感，還可以當能量棒快速補充體力！

Cookies	Temperature	Oven Time
11片（直徑7cm）	175℃	15分鐘

Ingredients

無鹽奶油 70g
黑糖 100g
鹽 1g
全蛋液 40g
中筋麵粉 60g
全麥麵粉 65g
泡打粉 0.5g
烘焙小蘇打 0.5g
烤過的夏威夷果仁 70g
蔓越莓乾 70g
白巧克力 40g

Keeping

麵團－冷凍1週
♦ 冷凍麵團先放到冷藏解凍後再使用

餅乾－室溫10天、冷凍1個月
♦ 冷凍過的餅乾先放於室溫解凍，再以175℃回烤3分鐘

1. 在碗中放入室溫軟化的奶油（21℃），輕輕拌開。

2. 分三次加入黑糖和鹽，一邊慢慢攪拌。

point 先拌勻後再加入下一批糖，直到所有砂糖和奶油拌勻。

3. 加入全蛋液，以低速拌勻。

4. 加入過篩好的中筋麵粉、全麥麵粉、泡打粉、小蘇打，用刮刀切拌至均勻。

point 攪拌至完全無粉粒的狀態。

5. 加入夏威夷果仁、蔓越莓乾、白巧克力攪拌。

point 這裡選用的是法國品牌 Cacao Barry 可可巴芮的札飛柔滑白巧克力34%（鈕扣狀）。

6. 將麵團分成每份45g，揉成圓形後放到烤盤上。

7. 用手輕壓麵團。

8. 放入預熱至175℃的烤箱，烘烤15分鐘即完成。

point 烤好移到散熱架上放涼。

鈕扣狀白巧克力可以直接加入麵團，使用上非常方便，但夏天炎熱的時候，置於室溫中容易融化，此時就建議改用塊狀的白巧克力。

Mint Chocolate Fudge Cookies

薄荷巧克力餅乾

最受歡迎的基本款軟餅乾，結合經典的薄荷巧克力！清涼的薄荷香氣在口中散開，搭配甜口巧克力的風味絕佳。薄荷油和薄荷巧克力也可以替換成堅果或黑巧克力。

Cookies	Temperature	Oven Time
11片 （直徑7cm）	170℃	15分鐘

Ingredients

無鹽奶油 85g	中筋麵粉 105g
黑糖 125g	低筋麵粉 35g
鹽 1g	可可粉 15g
全蛋液 44g	烘焙小蘇打 1g
糖漿 5g	黑巧克力塊 120g
香草精 1g	
食用薄荷油 1g	裝飾：薄荷巧克力 132g

Keeping

麵團－可冷凍1週

✦冷凍過的麵團，要先放到冷藏解凍後再使用

餅乾－室溫10天
冷凍1個月

✦冷凍過的餅乾先放於室溫解凍，再以175℃回烤3分鐘

1. 碗中放入微冰狀態的奶油（18℃），輕輕攪拌開來。

2. 加三次加入黑糖和鹽，一邊慢慢攪拌。

point 先拌勻後再加入下一批糖，直到所有砂糖和奶油拌勻。

3. 加入全蛋液、糖漿、香草精、薄荷油，攪拌均勻。

4. 加入過篩的中筋麵粉、低筋麵粉、可可粉、小蘇打，用刮刀切拌均勻。

point 請用切拌的方式，拌至看不見粉粒。

此配方的薄荷巧克力是選用Andes 安迪士的雙薄荷可可薄片，可以自行替換成喜歡的巧克力。

5. 加入黑巧克力塊攪拌。

point 這裡選用CALLEBAUT嘉麗寶的黑巧克力。

6. 將麵團分成每份47g，再揉成圓形，放到烤盤上。

7. 用手輕壓麵團後，放入預熱至170℃的烤箱中，烤15分鐘即完成。

Point 避免烤太久導致餅乾中的水分蒸發，做不出濕潤口感。

8. 餅乾烤好後，趁熱插入適當大小的薄荷巧克力，在烤盤上直接放涼。

point 巧克力要先烤完再插入，以免巧克力在烤箱中爆裂開來。

- 裝飾的薄荷巧克力若平放，會因餅乾的熱氣而融化，大約以45度角插入為佳。
- 餅乾放涼會變硬，因此烤好後要立刻插入裝飾用巧克力，以免過硬導致無法固定。

New York Chocolate Chip Cookies

紐約巧克力餅乾

這款巧克力餅乾，總能讓我想起紐約。紐約的紐哈芬市New Haven有一間外送至深夜的知名餅乾店Insomnia Cooies，向店家訂購後，會送來用紙袋包裝的剛出爐餅乾，趁溫熱對半折開，巧克力會如同起司般流瀉而出。因為想起當時的記憶而創作了這款餅乾，放涼享用當然好吃，但更推薦趁熱品嘗一番！

Cookies	Temperature	Oven Time
11片 （直徑7cm）	175℃	12分鐘

Ingredients

無鹽奶油 65g　　中筋麵粉 120g
黑糖 105g　　　泡打粉 0.6g
鹽 0.5g　　　　烘焙小蘇打 0.7g
全蛋液 25g　　　黑巧克力塊 120g
鮮奶油 15g　　　烤過的核桃 50g
糖漿 3g
香草精 1g　　裝飾：黑巧克力塊 40g

Keeping

麵團－冷凍1週
◆ 冷凍過的麵團，要先放到冷藏解凍後再使用

餅乾－室溫5天
　　　冷凍1個月
◆ 冷凍過的餅乾先放於室溫解凍，再以175℃回烤2分鐘

1. 在碗中放入微冰的奶油（19℃），輕輕攪拌開來。

2. 分三次加入黑糖和鹽，一邊慢慢攪拌。

point 先拌勻後再加入下一批糖，直到所有砂糖和奶油拌勻。

3. 分兩次加入全蛋液、鮮奶油、糖漿、香草精，以低速攪拌均勻。

point 糖漿能提高保濕力，讓餅乾更濕潤，呈現漂亮的烤色。

4. 加入過篩好的中筋麵粉、泡打粉、小蘇打，用刮刀切拌至均勻。

point 拌至完全無粉粒的狀態。

5. 加入黑巧克力塊、烤過的核桃攪拌。

point 核桃使用前，先以175℃烤5分鐘後搗碎。

6. 將麵團分成每份45g，再揉成圓形，放到烤盤上。

7. 用手輕壓麵團後，壓入黑巧克力塊。

point 可以使用各種風味、大小的巧克力塊，感受多變口感。

8. 放入預熱至175℃的烤箱中，烘烤12分鐘即完成。

point 烤好後直接在烤盤上放涼。

German Chocolate Cookies

德式巧克力餅乾

這款餅乾的靈感，是來自美國廚師 Samuel German 在 1852 年研發的德式巧克力蛋糕。德式巧克力蛋糕以椰子粉夾餡聞名，而在這個配方中，則是改將黑巧克力搗碎加入餅乾，椰子粉塗抹在外層，重新詮釋經典風味。可依個人喜好在麵團上撒少許鹽提味，讓巧克力和椰子粉更為濃郁。

Cookies	Temperature	Oven Time
25片 （直徑5.5cm）	170℃	13分鐘

Ingredients

無鹽奶油 66g	低筋麵粉 74g
紅糖 30g	椰子粉 8g
黑糖 44g	可可粉 12g
鹽 1g	泡打粉 0.6g
全蛋液 10g	烘焙小蘇打 0.6g
鮮奶油 6g	黑巧克力塊 40g
香草精 1g	

外層：椰子粉

Keeping

麵團－冷凍2週

✦ 冷凍過的麵團，要先放到冷藏解凍後再使用

餅乾－室溫1週
冷凍1個月

✦ 冷凍過的餅乾先放於室溫解凍，再以170℃回烤1分鐘

1. 在碗中放入微冰狀態的奶油（18℃），輕輕拌開。

2. 加入所有的紅糖、黑糖和鹽，慢慢攪拌。

Point 將糖和奶油拌均勻即可。

3. 加入全蛋液、鮮奶油、香草精，以低速攪拌均勻。

4. 加入過篩好的低筋麵粉、椰子粉、可可粉、泡打粉、小蘇打，用刮刀切拌至看不見粉粒的均勻狀態。

point 各種粉類可以直接裝在一起過篩，更方便，也更容易拌勻。

5. 加入黑巧克力塊攪拌。

Point 此處使用的是Belcolade
貝可拉的60days 74%調溫黑巧
克力。

6. 將麵團搓揉成直徑3cm的圓
柱，外層裹上椰子粉，再冷
凍靜置至少2個小時。

point 如果麵團過軟不容易搓揉，
可以先冷藏30分鐘再塑形。

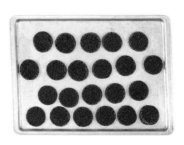

7. 將麵團切成1.5cm厚片，
放到烤盤上。

point 在麵團上撒少許鹽提味，
帶出餅乾的甜度。

8. 放入預熱至170℃的烤箱，
烘烤13分鐘即完成。

point 烤好直接在烤盤上放涼。

香草沙布列餅乾

沙布列餅乾是許多人初次挑戰餅乾的首選。在清爽酥脆的沙布列麵團中加入香草莢,除了直接烘烤成餅乾,搗碎後用來當起司蛋糕的底或塔皮也很好吃。完成後可以冷凍保存,回烤後再享用更美味。

Cookies	Temperature	Oven Time
30片 (直徑3.5cm)	170℃	15分鐘

Ingredients	Keeping
無鹽奶油 150g 糖粉 66g 鹽 2g 低筋麵粉 200g 杏仁粉 42g 香草莢(取籽) 1/6根 冰牛奶 12g 外層:蛋白、細砂糖	麵團－冷凍2週 ◆ 冷凍麵團要先冷藏解凍後再使用 餅乾－室溫2週、冷凍1個月 ◆ 冷凍過的餅乾先放在室溫中解凍,再 　以175℃回烤3分鐘

1. 在碗中放入切成小丁的冷藏奶油（13℃），以及過篩的糖
粉、鹽、麵粉、杏仁粉、香草籽，用手拌勻並捏搓至鬆散。

  捏搓至均勻、如同沙粒般的狀態即可。

2. 加入冰牛奶，以手按壓混 　**3.** 用手掌將麵團壓開、揉合兩
合至吸收。 　　　　　　　　　次，讓食材均勻混合。

攪拌過程中若奶油溫度變高，餅乾烤完邊緣可能會破裂，因此夏天溫度
較高時，建議先將麵團放置冰箱冷卻，維持冰涼狀態。

4. 將麵團用保鮮膜包起來隔絕空氣，用擀麵棍稍微擀平後，冷藏1小時。

　　麵團降溫變成微硬的狀態後，會比較容易塑形。

5. 從冰箱中取出麵團，以擀麵棍輕輕擀壓。

　　如果麵團太硬，請先以手溫將麵團稍微壓軟，以免擀壓時麵團裂開。

6. 將麵團分四塊，分別做成直徑2.5cm的圓柱。

7. 用烘焙紙包起來，冷凍至少2小時。

　　以烘焙紙包裹，有助於讓麵團維持圓柱的形狀。

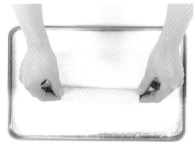

8. 在麵團表面刷上一層薄薄的蛋白。

　　蛋白的作用是用來裹覆砂糖，不要抹太多，以免沾太多糖導致烘烤時變形。

9. 將麵團放到細砂糖上滾一圈，讓表面均勻沾裹一層薄薄的糖。

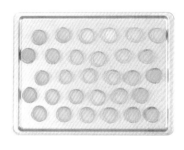

10. 麵團切成 1.5cm 厚片。

11. 將麵團放上烤盤，保留約3cm的間距。接著放入預熱至170℃的烤箱中，烘烤15分鐘即完成。

　　烤好後直接在烤盤上放涼。

BONUS RECIPE

用同樣的製作方式，還可以做出巧克力和
抹茶口味的沙布列餅乾。

巧克力沙布列	
無鹽奶油	150g
糖粉	70g
鹽	2g
低筋麵粉	187g
可可粉	10g
杏仁粉	34g
牛奶	15g

抹茶沙布列	
無鹽奶油	150g
糖粉	70g
鹽	2g
低筋麵粉	187g
抹茶粉	10g
杏仁粉	36g
牛奶	15g

起司月亮餅乾

加入四種起司製作的月亮餅乾十分可愛。小時候曾在漫畫裡看到起司做的月亮，令我印象深刻，於是決定將回憶做成餅乾。為了營造更貼近起司月亮的顏色和味道，食譜中使用了金黃起司粉，不過即使不加，也足以品嘗到香濃的起司風味。

Cookies	Tools	Temperature	Oven Time
未分切3片 （直徑9cm）	直徑9cm圓形模型 直徑1cm圓形花嘴	170℃	17分鐘

Ingredients

低筋麵粉 70g
高筋麵粉 53g
糖粉 20g
鹽 1.5g
金黃起司粉 10g
艾登起司（磨成粉）35g
切達起司（磨成粉）15g
帕馬森起司（磨成粉）30g
無鹽奶油 80g
全蛋液 33g

Keeping

麵團－冷凍2週
◆ 冷凍麵團，要先冷藏解凍後再使用

餅乾－室溫2週、冷凍1個月
◆ 冷凍過的餅乾先放於室溫解凍，再以170℃回烤3分鐘

1. 在碗中放入切成小丁的微冰奶油（16℃），以及全蛋液以外的所有材料，用手拌勻並捏搓至鬆軟。

　　捏搓至均勻、如同沙粒般的狀態即可。

2. 加入全蛋液，按壓混合。

 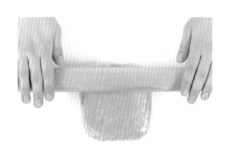

3. 以手掌按壓麵團，反覆壓合兩次。

4. 將麵團用保鮮膜包起來隔絕空氣，用擀麵棍稍微擀平後，冷藏2個小時。

　　將麵團降溫至略硬的狀態後，較容易塑形。

5. 從冰箱中取出麵團，以擀麵棍輕輕擀壓。

　　如果麵團太硬，請先以手溫將麵團稍微壓軟，以免擀壓時麵團裂開。

6. 將麵團擀成2cm厚，以直徑9cm的圓形模具壓圓。

　　為避免沾黏，請先在工作台上撒少許高筋麵粉當手粉。

7. 以直徑1cm的圓形花嘴在表面壓出月球紋路後，切成八小塊。

8. 將麵團放到墊有烘焙墊的烤盤上，保留約2cm的間距。接著放入預熱至170℃的烤箱中，烘烤17分鐘。

　　出爐後移到散熱架上放涼。

起司薯條餅乾

這款餅乾麵團中加入滿滿馬鈴薯和起司,做成薯條的模樣,看起來趣味十足。蒸到鬆軟的馬鈴薯搭配香氣誘人的帕馬森起司,讓人忍不住一口接一口。使用不同品種的馬鈴薯做出來的風味也不同,充滿樂趣!

Cookies	Tools	Temperature	Oven Time
20條 (7cm)	三角鋸齒刮板	175℃	18分鐘

Ingredients	Keeping
無鹽奶油 66g 糖粉 45g 鹽 1.2g 帕馬森起司(磨成粉) 10g 馬鈴薯(蒸熟搗碎) 52g 低筋麵粉 110g	麵團－冷凍2週 ◆冷凍麵團要先冷藏解凍後再使用 餅乾－室溫2週、冷凍1個月 ◆冷凍過的餅乾先放在室溫中解凍,再以175℃回烤3分鐘

1. 在碗中放入室溫軟化的奶
油（20℃），輕輕拌開。

2. 加入過篩的糖粉、鹽，以及
帕馬森起司，慢慢攪拌。

　攪拌至整體均勻混合即可。

3. 加入搗碎的馬鈴薯，以低
速拌勻。

　先將搗碎的馬鈴薯完全放
涼，再加入麵團中。

4. 加入過篩好的低筋麵粉，用
刮刀切拌均勻。

　拌至完全無粉粒的狀態。

馬鈴薯洗淨後，可以蒸熟，也可以放入耐熱容器中微
波加熱。熟透後先瀝乾、搗碎，完全放涼再使用。

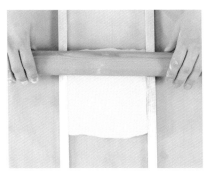 

5. 將麵團搓揉成團，再擀壓成1cm厚的片狀。

6. 以三角鋸齒刮板，在表面刮出紋路。

也可以用叉子劃出紋路。

7. 接著將麵團以保鮮膜包起來，放冰箱冷藏2小時，注意不要壓到紋路。

8. 將麵團切成7×1cm的長條，放到鋪有烘焙墊的烤盤上，間距約留3cm。接著放入預熱至175℃的烤箱中，烘烤18分鐘至金黃上色。

烤好後移到散熱架上放涼。

以三角鋸齒刮板劃紋路時，若垂直刮容易刮破麵團，盡量像步驟6一樣，以平放的方式劃過表面。

義式杏仁脆餅

先做成一大塊麵團再切開的義式脆餅，是很適合入門的食譜，任何人都能輕鬆完成，盡情品嘗美味的餅乾。我也很喜歡遵循傳統的方式，將脆餅泡酒或茶享用。

Cookies	Temperature	Oven Time
18片 （直徑12cm）	175℃	32分鐘

Ingredients	Keeping
無鹽奶油 80g 細砂糖 90g 鹽 2g 全蛋液 77g 中筋麵粉 175g 泡打粉 0.8g 烘焙小蘇打 0.8g 生杏仁果 70g	餅乾－室溫1週、冷凍1個月 ◆ 冷凍過的餅乾先放於室溫解凍，再以175℃回烤2分鐘

1. 在碗中放入室溫軟化的奶油（26℃），輕輕拌開。

　　　若奶油的溫度太低，倒入蛋液攪拌時，可能會因為低溫而凝固結塊。

2. 加入所有細砂糖和鹽，攪拌均勻。

　　　將糖和奶油拌勻即可。

3. 加入全蛋液，攪拌均勻。

4. 加入過篩好的中筋麵粉、泡打粉、小蘇打，用刮刀切拌至均勻。

　　　拌至完全無粉粒的狀態。

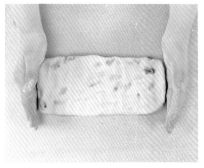

5. 加入生杏仁果拌勻。

　　此處請使用生的杏仁果，
烤過的杏仁果可能會在烘烤餅
乾時燒焦。

6. 將麵團放到鐵板上，壓整成
約1cm厚的長方形。

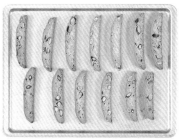

7. 放入預熱至175℃的烤箱
中烤25分鐘，取出後放涼
15分鐘，再切成1.5cm厚
的片狀。

　　切的時候壓住麵團兩側，
才不會裂開。

8. 再次放入175℃的烤箱中，
烘烤7分鐘即完成。

　　烤好直接在烤盤上放涼。

01. i love you / 02. thank you so much /
03. happy birthday to you /
04. congratulations / 05. I apolog...

or ...and

肉桂捲核桃餅乾

這款肉桂捲餅乾中加入黑糖和核桃，口感外酥內軟，核桃和肉桂的香氣也獨具魅力。所有喜歡肉桂捲的朋友，都不能錯過！

Cookies	Temperature	Oven Time
30片 （直徑5cm）	170℃	17分鐘

Ingredients

黑糖核桃內餡
肉桂粉 3g
黑糖 110g
全蛋液 18g
核桃 60g

外層：蛋白、細砂糖

杏仁沙布列
無鹽奶油 120g
糖粉 70g
鹽 2g
全蛋液 30g
香草精 1g
中筋麵粉 155g
杏仁粉 60g

Keeping

麵團－冷凍1週

◆冷凍麵團要先冷藏解凍後
再使用

餅乾－室溫2週
冷凍1個月

◆冷凍餅乾先在室溫解凍，
再以170℃回烤2分鐘

黑糖核桃內餡

1. 碗中放入肉桂粉、黑糖、全蛋液、烤過的核桃碎，攪拌均勻。

> 核桃先以175℃烘烤5分鐘、搗碎備用。

杏仁沙布列

2. 在碗中放入室溫軟化的奶油（20℃），輕輕拌開。

3. 接著加入所有過篩的糖粉和鹽，慢慢攪拌。

> 攪拌至均勻即可。

4. 加入全蛋液和香草精，慢慢攪拌均勻。

5. 加入過篩的中筋麵粉、杏
仁粉，用刮刀切拌均勻。

　　拌至完全無粉粒的狀態。

6. 以手掌按壓麵團，反覆壓合
兩次，讓材料均勻混合。

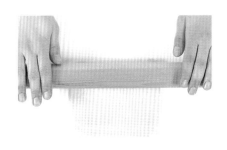 

7. 將麵團用保鮮膜包起來隔
絕空氣，用擀麵棍稍微擀
平後，冷藏 2 小時。

8. 從冰箱中取出麵團，以擀麵
棍輕輕擀壓。

　　如果麵團太硬，請先以手溫
將麵團稍微壓軟，以免擀壓時麵
團裂開。

9. 將麵團擀成約0.4公分的厚度。

　　先在工作台上撒少許高筋麵粉當手粉，避免沾黏。

夾餡

10. 在麵團上平均鋪一層黑糖核桃內餡（四周預留少許空間不鋪，以免捲起時擠壓出來）。

11. 將麵團由下往上捲起來。

12. 捲成圓柱狀後，用烘焙紙包起來，放入冷凍1小時。

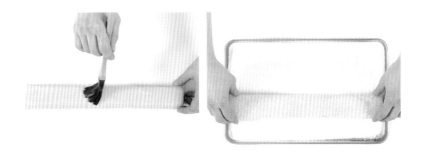

13. 在麵團表面刷一層薄薄的蛋白。

14. 將麵團放到細砂糖上滾一圈，讓表面裹一層薄糖。

　　輕輕滾一圈，讓表面沾裹薄薄的糖即可，若糖太多，烘烤時會流下來。

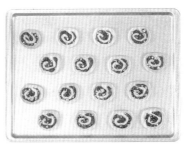

15. 將麵團切成1cm厚片。

16. 接著放到烤盤上，保留約4cm的間距。接著放入預熱至170℃的烤箱中，烘烤17分鐘即可。

　　烤好後移到散熱架上放涼。

青麥大理石餅乾

這款餅乾以淺綠色的青麥麵團搭配香草沙布列麵團，捲起一起烤成漂亮的雙色紋路。兩種麵團能一起使用，也能個別運用，活用度相當高。將青麥粉替換成等量的抹茶粉，就能做成抹茶版的大理石餅乾。

Cookies	Temperature	Oven Time
22片 （直徑5cm）	170℃	17分鐘

Ingredients

青麥沙布列
無鹽奶油 60g
糖粉 45g
鹽 1g
蛋黃 10g
全蛋液 8g
低筋麵粉 82g
杏仁粉 18g
大麥若葉粉 6g

香草沙布列
無鹽奶油 60g
糖粉 45g
鹽 1g
蛋黃 10g
全蛋液 6g
低筋麵粉 105g
杏仁粉 18g
香草莢（取籽） 1/8根

Keeping

麵團－冷凍2週

◆ 冷凍麵團先冷藏解凍後再使用

餅乾－室溫2週
冷凍1個月

◆ 冷凍餅乾先在室溫解凍，再以170℃回烤2分鐘

沙布列麵團（青麥＆香草）

1. 在碗中放入微冰的奶油
（18℃），慢慢拌開。

2. 加入所有過篩的糖粉、鹽，
以低速攪拌。

　　攪拌至均勻即可。

3. 同時加入蛋黃和全蛋液，
以低速拌勻。

4. 加入過篩的低筋麵粉、杏仁
粉、大麥若葉粉，用刮刀切拌
至均勻、沒有顆粒的狀態。

　　將此處的大麥若葉粉換成香
草籽，即是香草沙布列麵團。

大麥若葉粉，是以大麥的幼苗製成的粉末，富含鐵
質、鈣質、膳食纖維。大麥若葉粉是十分受歡迎的健
康食品，在大型超市、網路商城等都能購買得到。

 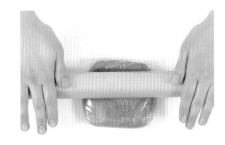

5. 以手掌按壓麵團，反覆壓合兩次。

6. 將麵團用保鮮膜包起來隔絕空氣，用擀麵棍稍微擀平後，冷藏2小時。

7. 從冰箱中取出麵團，以擀麵棍輕輕擀壓。

　　如果麵團太硬，請先以手溫將麵團稍微壓軟，以免擀壓時麵團裂開。

8. 將麵團壓成0.4cm厚片。

　　為避免沾黏，請先在工作台上撒少許高筋麵粉當手粉。

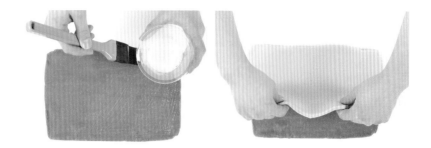

組合

9. 在青麥沙布列上刷一層薄薄的牛奶。

10. 接著鋪上一層香草沙布列的麵團。

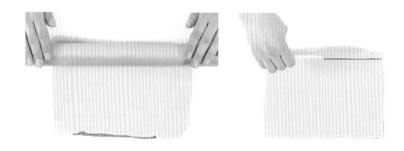

11. 以擀麵棍再擀壓一次。

12. 將邊緣切除,切成工整的四方形。

13. 將兩片麵團一起，從下往　**14.** 捲成圓柱狀後，用烘焙紙包
　　 上捲起來。　　　　　　　　　 起來，放入冷凍1小時。

 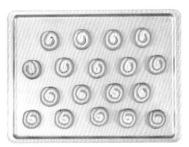

16. 將麵團切成1cm厚片。　**17.** 放到烤盤上，保留約4cm
　　　　　　　　　　　　　　　 的間距。接著放入預熱至
　　　　　　　　　　　　　　　 170℃的烤箱中，烘烤17分
　　　　　　　　　　　　　　　 鐘即完成。

　　　　　　　　　　　　　　　　 烤好後移到散熱架上放涼。

Potato Butter Ring Cookies

馬鈴薯奶油圈餅

這款餅乾中加入鬆軟的馬鈴薯，做成花圈的可愛模樣，口味宜人又舒適。奶油搭配馬鈴薯烘烤的香氣簡直難以抵擋，再以少許鹽提味，總讓我忍不住一片接一片。

Cookies	**Tools**	**Temperature**	**Oven Time**
30片 （直徑5cm）	八角星星花嘴 （型號853K）	170℃	15分鐘

Ingredients	**Keeping**
無鹽奶油 130g 糖粉 75g 鹽 2g 馬鈴薯（蒸熟搗碎） 110g 低筋麵粉 160g 裝飾：鹽	餅乾－室溫2週、冷凍1個月 ◆冷凍過的餅乾先放在室溫中解凍， 再以170℃回烤1分鐘

1. 在碗中放入室溫軟化的奶油（22℃），輕輕拌開。

　　point 奶油的溫度如果過低，麵團會變硬而難以攪拌。

2. 一次加入過篩好的糖粉和鹽，以低速拌勻。

　　point 攪拌至均勻即可。

3. 加入搗碎的馬鈴薯，以低速攪拌均勻。

4. 加入過篩好的低筋麵粉，用刮刀切拌均勻。

　　point 拌至完全無粉粒的狀態。

馬鈴薯洗淨後，可以蒸熟，也可以放入耐熱容器中微波加熱。熟透後先瀝乾、搗碎，完全放涼再使用。

5. 取直徑4公分的圓形模具沾麵粉，在鐵板上以3cm為間距壓出標示。

point 這不是必要流程，但可以幫助初學者做出更漂亮的圓形。

6. 將麵團放入裝好花嘴的擠花袋中，依照做好的標示擠到烤盤上。

Point 先放一半麵團，擠完再放另一半，會比較好操作。

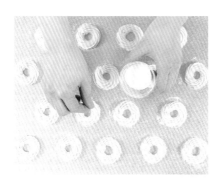

7. 在麵團表面撒少許鹽。

8. 放入預熱至170℃的烤箱，烘烤15分鐘即完成。

point 烤好後移到散熱架上放涼。

Corn Butter Ring Cookies

玉米奶油圈餅

在麵團中加入玉米一起烤，我很著迷這種清甜的風味。特別的
是，這款餅乾不加雞蛋，而是以玉米粒和玉米粉混合代替，對
雞蛋過敏的人也可以吃，玉米的滋味加倍濃郁。

Cookies	Tools	Temperature	Oven Time
40個 （直徑5cm）	八角星星花嘴 （型號853K）	170℃	16分鐘

Ingredients

麵團
無鹽奶油 140g
糖粉 40g
細砂糖 50g
鹽 1.5g
調味玉米 50g
低筋麵粉 80g
玉米粉 90g

調味玉米
罐頭玉米粒 50g
細砂糖 10g
鹽 1g
無鹽奶油 7g

Keeping

餅乾－室溫2週、冷凍1個月

♦ 冷凍過的餅乾先放在室溫解凍，
　再以170℃回烤1分鐘

調味玉米

1. 在碗中放入調味玉米的所有材料，攪拌均勻。

麵團

2. 在碗中放入室溫軟化的奶油（23℃），輕輕攪拌。

point 若奶油的溫度太低，倒入蛋液時可能會再降溫而結塊。

3. 一次加入過篩好的糖粉、細砂糖和鹽，拌勻。

point 將材料攪拌均勻即可。

4. 將步驟1的調味玉米粒以調理機稍微打碎後，加入步驟3拌勻。

Point 打碎前先將玉米粒瀝乾，避免增加多餘的水分。

5. 加入過篩的低筋麵粉、玉米粉,用刮刀切拌均勻。

point 拌至完全無粉粒的狀態。

造型

6. 以直徑4公分的圓形模具沾麵粉,在鐵板上以3cm的間距做出標示。

point 這不是必要流程,但可以幫助初學者做出更漂亮的圓形。

7. 將麵團放入裝有花嘴的擠花袋中,沿著標示的圓形擠一個圈。

point 先裝一半麵團,擠完再裝另一半,會比較好操作。

8. 在麵團上裝飾2顆玉米粉,放入預熱170℃的烤箱中,烤16分鐘即完成。

point 烤好後移到散熱架上放涼。

Churros Cookies

吉拿棒餅乾

將帶有柳橙香氣的杏仁餅乾用花嘴擠成長條狀，再沾上滿滿的肉桂糖，就完成了仿真的可愛吉拿棒餅乾。外酥內軟的吉拿棒餅乾直接吃就十分美味，也可以沾巧克力醬或楓糖享用，感受不同風味。

Cookies	Tools	Temperature	Oven Time
33條 （長8cm）	八角星星花嘴 （型號853K）	170℃	15分鐘

Ingredients

餅乾麵團
無鹽奶油 63g
糖粉 51g
鹽 0.5g
柳橙皮屑 2g
全蛋液 16g
蛋黃 6g
低筋麵粉 93g
杏仁粉 33g

肉桂糖
細砂糖 200g
肉桂粉 5g

Keeping

餅乾－室溫2週
冷凍1個月

◆ 冷凍餅乾先放在室溫解凍，再以170℃回烤2分鐘

1. 在碗中放入室溫軟化的奶油（22℃），輕輕拌開。

point 如果奶油的溫度過低，麵團會太硬而不容易攪拌。

2. 一次加入過篩的糖粉、鹽、柳橙皮屑，以低速拌勻。

point 先將柳丁洗淨，用削皮器稍微刮下表皮備用即可。小心不要刮到帶有苦味的白色部分。

3. 一次加入全蛋液、蛋黃，以低速攪拌均勻。

Point 請避免攪拌過久，以免餅乾烤的時候裂開。

4. 加入過篩好的低筋麵粉、杏仁粉，用刮刀切拌至看不見粉粒。

point 推薦使用帶皮的杏仁果磨成粉，香氣更加濃郁。如果沒有調理機，使用市售杏仁粉也無妨。

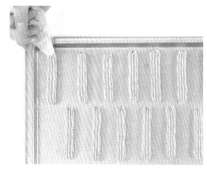

5. 將麵團填入裝有花嘴的擠花袋中，擠出每條8cm的長條，間距3cm。

point 先放一半麵團，擠完再放另一半，會比較好操作。

6. 以刮刀沾取麵粉，將麵團兩端稍微推平。

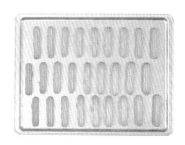

7. 放入預熱至170℃的烤箱，烘烤15分鐘即完成。

point 烤好直接在烤盤上放涼。

8. 出爐後，趁餅乾溫熱時裹上肉桂糖即完成。

Point 在餅乾烤好前就先將肉桂糖拌勻備用，才能趁溫熱時沾取。

Savory Cookies

Cookie

16

芝麻糖餅乾

這款餅乾是將酥脆的奶油餅乾結合香甜的芝麻牛軋糖。薄而酥脆，帶有芝麻特有的香氣，各年齡層的人都可以輕鬆享用。做成可愛的愛心形狀也非常適合用來送禮，在特別的日子裡充分表達感激之情。

Cookies	Tools	Temperature	Oven Time
25片（5x5.5cm）	孔徑8mm的八角星星花嘴	175℃	13分鐘

Ingredients

沙布列
無鹽奶油 55g
糖粉 25g
鹽 1g
蛋白 11g
低筋麵粉 65g

芝麻牛軋糖
無鹽奶油 12g
細砂糖 14g
糖漿 9g
黑芝麻 10g
白芝麻 8g

Keeping

餅乾－室溫2週
冷凍1個月

◆冷凍餅乾先放在室溫中解凍，再以175℃烤1分鐘

101

芝麻牛軋糖

1. 鍋中放入奶油、細砂糖、糖漿，一起加熱。

2. 等奶油全部溶化後，加入黑芝麻和白芝麻攪拌即可。

沙布列

3. 在碗中放入室溫軟化的奶油（22℃），輕輕拌開。

point 如果奶油的溫度過低，麵團會太硬而不容易攪拌。

4. 一次加入過篩的糖粉、鹽，以低速攪拌。

point 拌至均勻即可。

5. 一次加入蛋白，以低速攪拌均勻。

6. 加入過篩好的低筋麵粉，用刮刀切拌至均勻。

point 拌至完全無粉粒的狀態。

造型

7. 將麵團填入裝有花嘴的擠花袋中，擠出長約5cm的愛心，間距3cm。

point 愛心的尖端要確實連接，烤的時候牛軋糖才不會流出來。

8. 在愛心中間放入少許芝麻牛軋糖（大約是空洞的一半，約2g），接著放入預熱至175℃的烤箱中，烘烤13分鐘即完成。

point 芝麻牛軋糖烤後會融化，自然填滿空洞。烤好直接在烤盤上放涼即可。

柚子雪球

入口的瞬間,柚子的酸甜感在口中爆發開來。外層的風味粉溶化後,接著就會咬到酥脆的奶油餅乾。吃得到柚子清爽的香氣與牛奶、奶油的油脂香,充滿風味卻完全不膩口!

Cookies	Temperature	Oven Time
20顆 (直徑約3.5cm)	170℃	15分鐘

Ingredients

柚子雪球
無鹽奶油 120g
糖粉 80g
鹽 1g
柚子皮屑 9g
柚子醬 8g
低筋麵粉 150g
杏仁粉 90g

風味粉
糖粉 200g
防潮糖粉 200g
食品級檸檬酸 8g
柚子皮屑 7g
黃色食用色素 1g

Keeping

麵團－冷凍2週
◆ 冷凍過的麵團,要先放到
冷藏解凍再使用

餅乾－室溫2週
◆ 當天要吃時再裹風味粉

風味粉

1. 將糖粉、防潮糖粉、檸檬
酸、柚子皮屑和黃色食用
色素放入調理機拌勻。

　　如果沒有調理機，可以將
所有食材放入塑膠袋中搖晃均
勻。食用色素只是為了做出淡
淡的黃色，省略也無妨。

柚子雪球

2. 在碗中放入室溫軟化的奶油
（19℃），輕輕拌開。

3. 一次加入所有糖粉和鹽，
一邊輕輕攪拌。

　　攪拌至均勻即可。

4. 加入柚子皮屑、柚子醬，以
低速攪拌均勻。

5. 加入過篩好的低筋麵粉和
杏仁粉攪拌。

　　拌至完全無粉粒的狀態。

6. 將麵團揉成團後，以保鮮膜
包覆，冷藏30分鐘以上。

　　未冷藏直接烤容易裂開。

裹粉

7. 將麵團分成每份12g後，
揉成圓球，再放入預熱至
170℃的烤箱中，烘烤15
分鐘。

　　烤好直接在烤盤上放涼。

8. 餅乾取出放涼，趁尚有溫度
時先沾裹一次風味粉，完全
放涼後再沾裹一次。

　　外層裹兩層風味粉，才不會
容易掉落。

黑芝麻雪球

這款黑芝麻雪球融合了東西方的滋味。將炒過的黃豆粉加核桃，做成脆口的餅乾後，再滾上香醇的黑芝麻粉。全部完成後盛入盤中，忍不住就想立即和好友們一同享用。

Cookies	Temperature	Oven Time
45顆 （直徑約3.5cm）	170℃	15分鐘

Ingredients		Keeping
核桃雪球	**風味粉**	麵團－冷凍2週
無鹽奶油 180g	黑芝麻 300g	✦冷凍過的麵團，要先放到冷藏解凍再使用
糖粉 105g	糖粉 180g	
鹽 1.5g	鹽 2g	餅乾－室溫2週、冷凍1個月
牛奶 21g		✦當天要吃時再裹風味粉
低筋麵粉 210g		
杏仁粉 120g		
炒黃豆粉 30g		
碎核桃 120g		

風味粉

1. 將黑芝麻、糖粉和鹽放入調理機，打成均勻細緻的粉末。

> 如果沒有調理機，直接購買黑芝麻粉，和糖粉、鹽拌勻即可。

核桃雪球

2. 在碗中放入室溫軟化的奶油（19℃），輕輕拌開。接著加入糖粉和鹽，攪拌至完全均勻。

3. 一次加入奶油，以低速攪拌均勻。

4. 加入過篩好的低筋麵粉、杏仁粉和炒黃豆粉，用刮刀切拌至均勻。

> 拌至完全無粉粒的狀態。

5. 加入碎核桃攪拌。

若用烤過的核桃去烘烤，容易產生油耗味，建議使用未烤過的核桃。

6. 將麵團揉成團後，以保鮮膜包覆，冷藏30分鐘以上。

未冷藏直接烤容易裂開。

裹粉

7. 將麵團分成每份12g，揉成圓，放入預熱至170℃的烤箱中，烘烤15分鐘。

烤好直接在烤盤上放涼。

8. 餅乾取出放涼，趁尚有溫度時，先沾裹一次粉，完全放涼後再沾裹一次。

外層裹兩層風味粉，才不會容易掉落。

杏桃紅茶餅乾

餅乾除了適合搭配咖啡或牛奶，我也喜歡與紅茶一同享用。因此，我將餅乾製作成紅茶風味，這樣在享用餅乾時，杏桃紅茶的香氣也會同時在口中縈繞。杏桃紅茶可以改成家中現有的茶，或其他喜愛的茶種，做成專屬的風味餅乾。

Cookies	Temperature	Oven Time
16顆 （直徑5cm）	175℃	17分鐘

Ingredients

杏桃紅茶雪球
牛奶 15g
杏桃紅茶 3g
無鹽奶油 100g
糖粉 55g
鹽 1g
低筋麵粉 100g
杏仁粉 20g
泡打粉 0.3g

外層裝飾
白巧克力 100g
可可脂 10g
椰子粉 100g

Keeping

麵團－冷凍2週

◆ 冷凍過的麵團，要先放到冷藏解凍再使用

餅乾－室溫2週
冷凍1個月

◆ 不沾外層巧克力，冷凍保存。享用前先在室溫解凍，再以175℃回烤2分鐘

杏桃紅茶雪球

1. 將茶葉加入冰牛奶中，浸泡15分鐘以上。

　　　泡熱牛奶比較澀，務必使用冰牛奶，並讓茶葉完全泡開，才能充分釋放香氣。

2. 在碗中放入室溫軟化的奶油（21℃），輕輕拌開。

3. 一次加入糖粉和鹽，低速慢慢攪拌。

　　　攪拌至均勻即可。

4. 加入步驟1的茶葉牛奶，以低速攪拌均勻。

這裡使用 AHMAD TEA 曼斯納的杏桃紅茶包。

5. 加入過篩好的低筋麵粉、
杏仁粉和泡打粉,用刮刀
切拌至均勻。

　　拌至完全無粉粒的狀態。

6. 將麵團揉成團後,以保鮮膜
包覆,冷藏至少1小時。

　　靜置可以讓茶香滲入麵團,
並讓麵團中的奶油凝固。

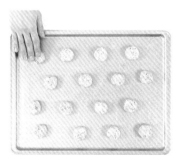

7. 將麵團分成每份約12g,
再揉成圓。

8. 放入預熱至175℃的烤箱,
烘烤17分鐘。

　　烤好直接在烤盤上放涼。

裝飾巧克力

9. 將融化的白巧克力和可可
脂拌勻。

> 白巧克力可以隔水加熱或
> 微波加熱至融化。

組合

10. 餅乾完全放涼後，一半沾取
白巧克力。

 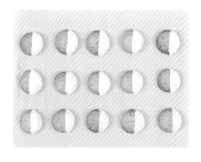

11. 趁凝固前，用沾白巧克力
的地方去黏取椰子粉。

12. 放到烘焙紙上，放到完全凝
固即完成。

白巧克力加可可脂，能讓巧克力薄薄地沾附在餅乾
上。如果沒有可可脂，直接使用白巧克力也無妨。

Coffee Bean Cookies

咖啡豆餅乾

這款咖啡豆餅乾造型可愛，一口一顆剛剛好。微苦的咖啡搭配黑巧克力，尾韻微微的甜度，就如同品嘗一杯咖啡般，讓人回味無窮。如果喜歡更甜一點，可以減少咖啡粉的量，並將黑巧克力替換成牛奶巧克力或白巧克力。

Cookies	Temperature	Oven Time
18顆 （4x3cm）	170℃	15分鐘

Ingredients	Keeping
無鹽奶油 80g 糖粉 60g 鹽 1g 蛋黃 12g 咖啡液 2g 咖啡粉 2g 低筋麵粉 120g 玉米粉 10g 底層裝飾：黑巧克力 70g	麵團－冷凍2週 ♦ 冷凍麵團要先冷藏解凍再使用 餅乾－室溫2週、冷凍1個月 ♦ 不沾底層巧克力可冷凍保存。享用前 　先室溫解凍，再以170℃回烤1分鐘

1. 在碗中放入微冰狀態的奶油（17℃），輕輕拌開。

2. 一次加入過篩的糖粉和鹽，攪拌均勻。

   攪拌至均勻即可。

3. 一次加入蛋黃、咖啡液和咖啡粉，以低速拌勻。

   咖啡粉的顆粒過大會影響口感。使用前要盡量磨細，或直接購買磨成細粉的產品。

4. 加入過篩的低筋麵粉、玉米粉，用刮刀切拌至看不見粉粒，接著將麵團揉成團，再以保鮮膜包覆，冷藏30分鐘以上。

   加入玉米粉能讓餅乾的口感更輕盈。

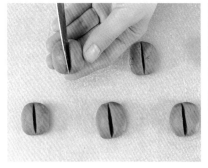

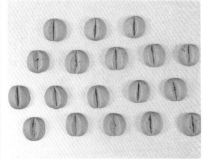

5. 將麵團分成每份15g，揉
成橢圓形，並用刀子從中
間劃開成咖啡豆的模樣。

　　割痕太小的話，烤完後不
會分離，建議切至一半左右，
才能做出漂亮的咖啡豆形狀。

6. 將麵團放到烤盤上，保留約
3cm的間距，接著放入預熱
至170℃的烤箱中，烘烤15
分鐘。

　　出爐後移到散熱架上放涼。

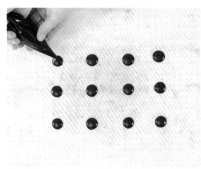

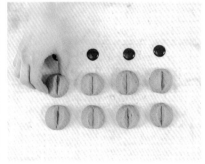

7. 黑巧克力融化後，在烘焙
紙上擠成直徑2cm左右的
圓點。

8. 壓上完全放涼的咖啡豆餅
乾，等巧克力凝固即完成。

Raspberry Jam Cookies

覆盆子果醬餅乾

酥脆的餅乾搭配酸中帶甜的覆盆子果醬,是餅乾課程中的萬年人氣品項。覆盆子可以依個人喜好改為藍莓、蘋果等其他水果,或是直接購買市售果醬。

Cookies	Tools	Temperature	Oven Time
10片 (直徑7cm)	直徑7cm圓形模具	170℃	17分鐘

Ingredients

餅乾麵團
無鹽奶油 40g
細砂糖 40g
全蛋液 25g
鮮奶油 3g
低筋麵粉 110g
杏仁粉 35g

覆盆子果醬
冷凍覆盆子 60g
草莓醬 15g
細砂糖 75g

Keeping

餅乾-室溫5天
冷凍1個月

♦ 冷凍過的餅乾先放在室溫解凍,再以170℃回烤2分鐘

覆盆子果醬

1. 鍋中放入冷凍覆盆子、草莓醬，加熱至冷凍覆盆子化開來。

2. 慢慢加入細砂糖一起煮。

3. 貼著鍋底不斷攪拌，避免底部燒焦。

4. 完全煮滾後，關火、放涼。

point 剩的果醬可以裝於密閉容器中，冷藏存放2週。

餅乾麵團

5. 在碗中放入微冰狀態的奶油（19℃），輕輕拌開。

6. 一邊分三次加入細砂糖，一邊攪拌。

point 先拌勻後再加入下一次糖，直到所有砂糖和奶油拌勻。

7. 加入全蛋液和鮮奶油，以低速攪拌均勻。

8. 加入過篩的低筋麵粉、杏仁粉，慢慢攪拌至整體成為碎粒狀。

組合

9. 將直徑7cm的圓形模具放到烤盤上，填入25g的餅乾麵團。

10. 將麵團中間壓實成一個凹洞，做出放果醬的空間。

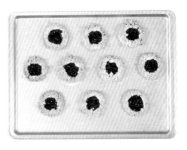

11. 邊旋轉邊拔起模具，將外形整理成圓形。

12. 在凹洞放入覆盆子果醬，放入至預熱170℃的烤箱中，烘烤17分鐘。

point 烤好直接在烤盤上放涼。

Brownie Cookies

濕潤布朗尼餅乾

請先放下餅乾都是脆硬的刻板印象！這款餅乾擁有布朗尼般的濕潤口感，直接享用即十分美味，搭配奶油等各種餡料還能做出多樣變化。配方中的是奶油乳酪餡，與布朗尼的濃郁是絕配！其他像是水果、甘納許或鮮奶油也很推薦。

Cookies	Tools	Temperature	Oven Time
17顆 （6x5cm）	孔徑1cm圓形花嘴 （型號804號）	175℃	11分鐘

Ingredients

布朗尼餅乾
中筋麵粉 125g
可可粉 21g
烘焙小蘇打 1g
紅糖 100g
鹽 0.5g
全蛋液 28g
牛奶 74g
鮮奶油 55g
香草精 1g
黑巧克力 40g
食用油 8g
無鹽奶油 30g

奶油乳酪餡
奶油乳酪 150g
糖粉 30g
香草莢（取籽）1/8根

Keeping

餅乾－室溫1天、冷藏1週

奶油乳酪餡

1. 碗中放入奶油乳酪，輕輕拌開。

2. 一次加入過篩好的糖粉和香草籽，慢慢攪拌。

> Point 奶油乳酪攪拌太久會變軟，拌到均勻即可。

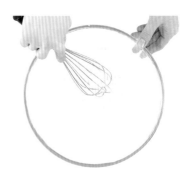

布朗尼餅乾

3. 在碗中放入過篩好的中筋麵粉、可可粉、小蘇打、紅糖和鹽，拌勻。

4. 在另一個碗中放入全蛋液、牛奶、鮮奶油和香草液，攪拌均勻。

5. 將步驟4慢慢倒入步驟3
中，攪拌至完全均勻。

　Point　因為粉類材料較多，需要
花一些時間攪拌才能均勻。

6. 加入融化的黑巧克力、食用
油和融化的奶油攪拌。

　Point　巧克力可以隔水加熱或微波
加熱至融化。

7. 攪拌至整體拌勻即可，避
免麵團出筋變硬。

8. 將麵團填入裝有花嘴的擠
花袋中，在烤盤上擠出愛
心的形狀。

point 做成大約寬5cm、高4cm
的愛心。

9. 放入預熱至175℃的烤箱
中，烘烤11分鐘即完成。

point 烤好後移到散熱架上放涼。

組合

10. 餅乾放涼後，在其中一半
上塗抹奶油乳酪餡。

point 奶油乳酪餡要略小於餅
乾，夾起來才乾淨漂亮。

11. 蓋上沒有抹餡的另一片餅
乾，做成夾心即完成。

Gapyeong Pine Nut Brittle

夾餡松子脆餅

松子感覺是很東方的食材,但其實做成法式傳統甜點非常契合。我在法國品嘗過加入覆盆子醬的松子塔,酸甜的口味遇上松子,沒想到竟然如此合拍。此處我使用百香果醬來提升風味層次,也可以省略夾餡,直接享用原味的松子餅乾。

Cookies	Tools	Temperature	Oven Time
16片 (5x7cm)	水滴型模具 (5x7cm) 巧克力叉	170℃	15分鐘

Ingredients

松子脆餅
無鹽奶油 75g
糖粉 50g
細砂糖 40g
鹽 0.5g
全蛋液 23g
低筋麵粉 133g
泡打粉 0.5g
松子(搗碎) 25g

裝飾:松子 適量

百香果醬
百香果 30g
百香果泥 35g
細砂糖 50g
NH果膠 2.5g

表層蛋液
蛋黃 20g
牛奶 5g
香草精 1g

Keeping

麵團－冷凍2週
◆冷凍麵團先冷藏解凍再使用

餅乾－室溫5天
冷藏2週

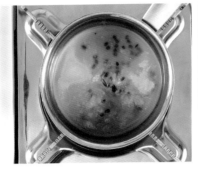

百香果醬

1. 將百香果和百香果泥放入
鍋中加熱至40℃。

point 百香果要連籽一起加入。

2. 將細砂糖和NH果膠混合均
勻,慢慢加入步驟1中。

3. 轉大火加熱至104℃後,
關火放涼。

point 請以最大的火加熱。

製作百香果醬時,如果不方便以溫度計測量,請在完全煮滾後關火。

松子脆餅

4. 在碗中放入室溫軟化的奶油（20℃），輕輕拌開。

5. 一次加入所有糖粉、細砂糖和鹽，慢慢攪拌。

point 攪拌至均勻即可。

6. 一次加入全蛋液，慢慢攪拌均勻。

7. 加入過篩好的低筋麵粉和泡打粉，用刮刀切拌至均勻。

point 拌至完全無粉粒的狀態。

8. 加入松子碎攪拌。

9. 以手掌按壓麵團，反覆壓合兩次，讓材料均勻混合。

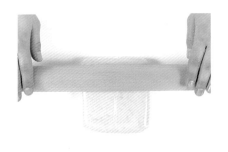 

10. 將麵團用保鮮膜包起來隔絕空氣，用擀麵棍稍微擀平後，冷藏 2 小時。

11. 從冰箱中取出麵團，以擀麵棍輕輕擀壓。

point 如果麵團太硬，請先以手溫將麵團稍微壓軟，以免擀壓時麵團裂開。

12. 將麵團擀壓成約0.3cm的
厚度。

point 為避免沾黏，請先在工作
台上撒少許高筋麵粉當手粉。

13. 以水滴型模具切割麵團。

14. 將麵團放在墊有烘焙墊的
烤盤上，保留約4cm間隔。

point 可以使用抹刀等工具輔助
移動，避免麵團變形。

15. 在一半的麵團上刷蛋液，作
為餅乾上層。

point 請先將蛋黃、牛奶、香草精
拌勻，做成表層蛋液。

書中使用的是MF（mallard ferriere）的水滴型模具
（5×7cm）。

16. 用巧克力叉在抹蛋液的那一面劃出紋路。

point 沒有巧克力叉，也可以使用尖銳的工具代替。

17. 接著放上3粒松子裝飾。

18. 放入預熱至170℃的烤箱中，烘烤15分鐘。

point 烤後直接在烤盤上放涼。

19. 將沒有塗蛋液的餅乾翻面。

組合

20. 在翻面的餅乾上抹一層百
香果醬（約4g）。

> point 餅乾和百香果醬務必先放
> 涼。果醬要抹在沒有塗蛋液的
> 餅乾背面。

21. 蓋上另一片抹有蛋液的餅
乾，完成。

這款餅乾的夾心用的是快速果醬，不需要長時
間熬製就能完成。當然，松子脆餅單吃也很好
吃，可以品嘗到松子獨特的香氣和風味。

蘋果派餅乾

這款餅乾是以覆盆子蘋果醬，搭配肉桂餅乾而成。將麵團切成長條後交織的外型，就如同美式蘋果派一般。雖然製作較費時，但出爐及品嚐的瞬間，都會讓你感到一切等待都很有價值。也可以改用藍莓醬、草莓醬等各式各樣的果醬。

Cookies

9片
（7x6cm）

Tools

7x6cm
蘋果模具

Temperature

170-175℃

Oven Time

30分鐘

Keeping

麵團—冷凍2週

◆ 冷凍麵團要先冷藏解凍再使用
餅乾—室溫3天、冷凍2週

◆ 冷凍過的餅乾先放在室溫中解凍，再以175℃回烤3分鐘

Ingredients

覆盆子蘋果醬

蘋果醬 200g
覆盆子泥 8g

肉桂餅乾

無鹽奶油 110g
細砂糖 80g
鹽 2g
低筋麵粉 160g
中筋麵粉 20g
肉桂粉 1.5g
全蛋液 24g
表層蛋液適量

1. 在碗中放入切成小丁的冰冷奶油（18℃）、細砂糖、鹽，以及過篩的低筋麵粉、中筋麵粉和肉桂粉，以手揉勻。

point 將麵團拌至呈沙粒狀態即可。

2. 加入全蛋液，以手捏勻至蛋液吸收。

3. 以手掌按壓麵團，反覆壓合兩次，讓材料均勻混合。

4. 將麵團分成2/3、1/3後，以保鮮膜包起來隔絕空氣，再用擀麵棍稍微擀平後，冷藏1小時。

5. 從冰箱中取出麵團，以擀麵棍輕輕擀壓。

point 如果麵團太硬，請先以手溫將麵團稍微壓軟，以免擀壓時麵團裂開。

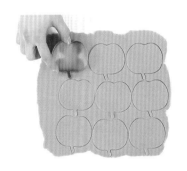

6. 將2/3的麵團擀壓成大約0.3cm的厚度，接著以蘋果模具分割。

point 為避免沾黏，請先在工作台上撒少許高筋麵粉當手粉。

7. 將麵團放在墊有烘焙墊的烤盤上，放入預熱至170℃的烤箱中，烘烤12分鐘。

point 可以使用抹刀等工具輔助移動，避免麵團變形。

書中使用的是7x6cm的蘋果模具。

8. 烤好後在麵團表面刷一層
薄薄的蛋液，回烤1分鐘，
接著取出放涼。

point 先抹蛋液再烤過，餅乾在
塗抹果醬時，才不會因為吸收
水分而影響酥脆度。

9. 在餅乾放涼的同時，將剩下
的1/3麵團擀壓成約0.3cm
的厚度，再切成約1cm寬的
長條。

point 為避免沾黏，請先在工作台
上撒少許高筋麵粉當手粉。

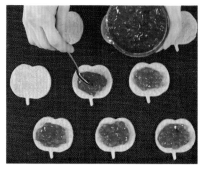 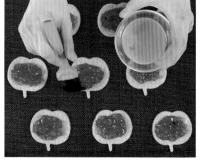

10. 在蘋果餅乾中間塗抹覆盆
子蘋果醬。

point 請先將蘋果醬和覆盆子泥
拌勻，做成覆盆子蘋果醬。

11. 在邊緣再抹一次蛋液。

point 在四周抹蛋液，有助於黏著
上方的麵團。

12. 將步驟 9 的長條麵團，交錯放到蘋果餅乾上。

13. 以蘋果模具從麵團上方往下壓，切除多餘麵團，並稍微整理形狀。

14. 將切下的麵團片做成蘋果葉，貼到到步驟 13 的蘋果餅乾上方。

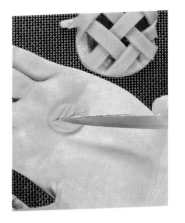

15. 在麵團表面刷一層薄蛋液，放入預熱至 175℃的烤箱中，回烤 17 分鐘。

point 取出後直接在烤盤上放涼。

Blueberry Ganache Sand Cookies

藍莓甘納許夾心餅乾

脆口的巧克力沙布列中夾著酸甜的藍莓甘納許，裡頭新鮮藍莓的口感，也讓這款餅乾的層次更豐富誘人。藍莓甘納許入口即化，比起甜味，刺激食慾的酸味反而更鮮明。如果沒有新鮮藍莓，只夾藍莓甘納許也同樣很美味。

Cookies	Tools	Temperature	Oven Time
8片 （直徑6.5cm）	直徑6.5cm 花型模具	170℃	14分鐘

Ingredients

巧克力沙布列
無鹽奶油 130g
糖粉 80g
鹽 1g
黑巧克力 24g
牛奶 16g
低筋麵粉 200g
可可粉 15g

藍莓甘納許
藍莓醬 116g
檸檬汁 50g
牛奶巧克力 220g

裝飾：新鮮藍莓 400g

Keeping

麵團－冷凍2週
◆冷凍麵團要先冷藏解凍再使用

餅乾－室溫1大
冷藏1週

藍莓甘納許

1. 在鍋中放入藍莓醬和檸檬汁加熱。

2. 接著倒入事先隔水或微波加熱融化的牛奶巧克力中。

> Point 此處使用的是 Belcolade 貝可拉的牛奶巧克力（35%）。

3. 使用均質機，將兩者攪拌至均勻乳化。

4. 移入調理盆中，以刮刀反覆翻攪，直到質地變硬。

> Point 甘納許必須攪拌至塗抹後不會流動的狀態，建議在陰涼處（16-18℃）處理。

巧克力沙布列

5. 在碗中放入室溫軟化的奶油（20℃），輕輕拌開。

6. 一次加入過篩好的糖粉和鹽，慢慢攪拌。

point 攪拌至均勻即可。

7. 加入事先融化好的黑巧克力（30℃）攪拌。

point 黑巧克力溫度不能過高，以免導致麵團中的奶油融化。

8. 一次加入所有牛奶，並慢慢攪拌均勻。

9. 加入過篩的低筋麵粉和可可粉，用刮刀切拌均勻。

point 拌至完全無粉粒的狀態。

10. 將麵團以保鮮膜包起來隔絕空氣，接著以擀麵棍稍微擀平，冷藏 2 小時。

11. 從冰箱中取出麵團，以擀麵棍輕輕擀壓。

point 如果麵團太硬，請先以手溫將麵團稍微壓軟，以免擀壓時麵團裂開。

12. 將麵團擀壓成厚度約0.3cm的片狀。

point 為避免沾黏，請先在工作台上撒少許高筋麵粉當手粉。

13. 以直徑6.5cm的花型模具
分割麵團。

point 使用模具切麵團時盡量貼
近,減少麵團的浪費。

14. 將麵團放在墊有烘焙墊的烤
盤上,保留約2cm間距。

point 可以使用抹刀等工具輔助
移動,避免麵團變形。

15. 在表層壓出圖案後,放入
預熱至170℃的烤箱,烘
烤14分鐘。

point 烤好移到散熱架放涼。

組合

16. 放涼後將一半的巧克力沙布
列翻面。

書中使用的是直徑6.5cm的花型模
具和小狗壓模。

17. 在翻面的沙布列上擠藍莓甘納許。

point 藍莓甘納許要略小於餅乾，夾起來才乾淨漂亮。

18. 在藍莓甘納許中間和四周擺放新鮮藍莓。

19. 再擠一次藍莓甘納許，讓高度和藍莓等高。

20. 蓋上沙布列，靜置於室溫中至凝固即完成。

Cheese Sand Cookies

起司三明治餅乾

這款餅乾的麵團中加了滿滿的起司,將餅乾做成薄餅,中間是起司搭配巧克力的餡料。由於餡料中沒有奶油,因此即使久放冰箱冷藏,也能維持不變的酥脆口感。起司稍帶鹹味,也是很適合啤酒或紅酒的下酒菜。

Cookies	Tools	Temperature	Oven Time
20片 (直徑6cm)	直徑6cm 圓形瓦片酥模	170℃	10分鐘

Ingredients		Keeping
起司薄餅 無鹽奶油 50g 糖粉 16g 細砂糖 55g 鹽 1g 杏仁粉 15g 蛋白 65g 低筋麵粉 50g 帕達諾起司(磨粉) 20g	**烤起司巧克力餡** 帕達諾起司 15g 白巧克力 50g 裝飾:帕達諾起司 適量	餅乾一室溫1週 冷凍2週 ◆ 起司薄餅不夾餡可冷凍保存,享用前先放在室溫解凍,再以170℃回烤1分鐘。

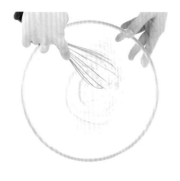

起司薄餅

1. 在碗中放入室溫軟化的奶油（26℃），輕輕拌開。

point 若奶油的溫度過低，攪拌蛋白時，奶油可能會結塊。

2. 一次加入所有過篩的糖粉、細砂糖、鹽和杏仁粉，慢慢攪拌。

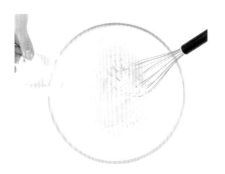
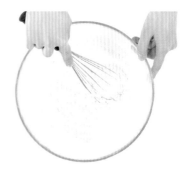

3. 分三次加入蛋白攪拌。

4. 加入過篩的低筋麵粉攪拌。

point 攪拌太久麵團會出筋變硬，拌至拌勻即可。

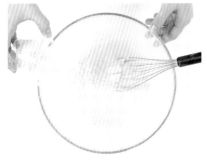

5. 加入磨好的帕達諾起司，
攪拌均勻。

6. 在烤盤上鋪烘焙紙，放上模
具，接著用擠花袋擠入麵團。

point 請將麵團擠成直徑3cm左
右的圓形。

7. 以抹刀將麵團推開。

8. 將麵團整平到和模具等高
後，以抹刀刮除多餘麵團。

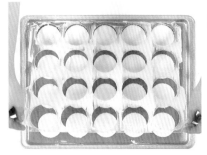

9. 拿掉模具。

10. 撒上磨好的帕達諾起司，放入預熱至170℃的烤箱，烘烤10分鐘。

point 烤好直接在烤盤上放涼。

烤起司巧克力餡

11. 將帕達諾起司磨到烘焙紙上，放入預熱至170℃的烤箱，烘烤5分鐘。

12. 將烤過的帕達諾起司粉聚集起來。

組合

13. 將烤起司粉加入融化的白巧克力中攪拌。

point 白巧克力事先隔水或微波加熱至融化。

14. 將一半的餅乾翻面。

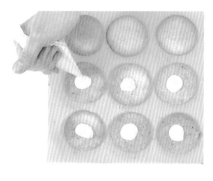

15. 在翻面的餅乾上擠入烤起司巧克力餡。

point 只要擠在翻面的餅乾上就可以了,另一半不用。

16. 蓋上另一片沒有擠餡的餅乾後,完成。

Red Bean Paste & Butter Cookies

紅豆奶油吐司餅乾

這款做成吐司造型的餅乾中，夾了甜紅豆和柔順的奶油餡。完成後冷藏保存，取出直接品嘗，能夠充分享受紅豆和奶油在口中化開的滋味、也能感受到濃郁的奶香味。

Cookies	Tools	Temperature	Oven Time
10片 （5x5cm）	5x5cm 吐司造型模具	170℃	14分鐘

Ingredients

無鹽奶油 50g
糖粉 45g
鹽 0.5g
全蛋液 11g
蛋黃 3g
鮮奶油 3g
杏仁粉 10g
低筋麵粉 87g
玉米粉 5g

紅豆餡 300g
有鹽奶油 300g

Keeping

麵團－冷凍2週
◆冷凍麵團要先冷藏解凍再使用

餅乾－冷藏1週

1. 在碗中放入微冰的奶油（17℃），慢慢拌開。

2. 一次加入過篩的糖粉和鹽，以低速攪拌。

point 攪拌至均勻即可。

3. 一次加入全蛋液、蛋黃和鮮奶油，以低速拌勻。

4. 加入過篩的杏仁粉、低筋麵粉玉米粉，並用刮刀切拌至均勻。

point 拌至無粉粒的狀態。

 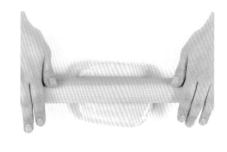

5. 以手掌按壓麵團，反覆壓
合兩次，讓材料整體均勻
混合。

6. 將麵團以保鮮膜包起來隔絕
空氣，接著以擀麵棍稍微擀
壓後，冷藏2小時。

7. 從冰箱中取出麵團，以擀
麵棍輕輕擀壓。

point 如果麵團太硬，請先以手
溫將麵團稍微壓軟，以免擀壓
時麵團裂開。

8. 將麵團擀壓成約0.4cm厚度
的片狀。

point 為避免沾黏，請先在工作台
上撒少許高筋麵粉當手粉。

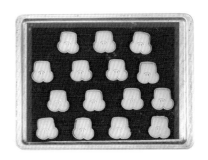

9. 以模具切割麵團。

10. 將麵團放在墊有烘焙墊的烤盤上，保留約4cm的間隔，再放入預熱至170℃的烤箱中，烘烤14分鐘。

point 烤好後移到散熱架上放涼。

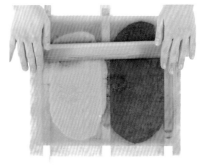

11. 從冰箱中取出紅豆餡和有鹽奶油，放到烘焙紙上。

point 兩邊分別墊0.5cm厚度的長條，擀開時便能維持一致的高度。

12. 擀壓成0.5cm的厚度後，放入冷凍庫。

point 冷凍到微硬狀態，比較好切割。

13. 以模具切割紅豆餡和有鹽
奶油。

point 奶油和紅豆餡在室溫中很
快就會融化,切開後要立刻放
回冷凍。

14. 餅乾完全放涼後,將其中一
半翻面。

15. 在翻面的餅乾上依序疊奶
油、紅豆餡。

16. 蓋上另一片餅乾即完成。

此處使用的是市售紅豆餡。帶顆粒的紅豆餡很難切得
漂亮,建議使用不帶顆粒的滑順紅豆餡。

奶油夾心餅乾

做成奶油形狀的奶油餅乾，為了帶出更明顯的奶香氣，需要比一般餅乾烤得再久一點，因此厚度也比一般餅乾再厚一些，讓它在烤的時候慢慢導熱。一起拿出家裡的餅乾模具，做做看各式各樣的奶油餅乾吧！

Cookies	Tools	Temperature	Oven Time
12片 （6x3.5cm）	6x3.5cm 奶油造型餅乾模	165℃	14分鐘

Ingredients	Keeping
無鹽奶油 53g	麵團－冷凍2週
糖粉 35g	◆冷凍過的麵團要先冷藏解凍再使用
鹽 1g	
蛋黃 16g	餅乾－室溫2週、冷凍1個月
香草精 1g	◆冷凍過的餅乾先放在室溫解凍，再以
低筋麵粉 90g	165℃回烤1分鐘
杏仁粉 12g	

1. 在碗中放入室溫軟化的奶油（19℃），輕輕拌開。

2. 一次加入所有過篩的糖粉和鹽攪拌。

攪拌至均勻即可。

3. 一次加入蛋黃和香草精，慢慢攪拌均勻。

攪拌過久會導致奶油內空氣太多，烘烤時容易裂開。

4. 加入過篩好的低筋麵粉和杏仁粉，用刮刀切拌至均勻。

拌至完全無粉粒的狀態。

5. 以手掌按壓麵團，反覆壓
合兩次，讓材料整體均勻
混合。

6. 將麵團以保鮮膜包起來隔絕
空氣，接著以擀麵棍稍微擀
平，冷藏2小時。

7. 從冰箱中取出麵團，以擀
麵棍輕輕擀壓。

　　如果麵團太硬，請先以手
溫將麵團稍微壓軟，以免擀壓
時麵團裂開。

8. 將麵團擀壓成約0.4cm厚度
的片狀。

9. 以模具切割麵團。

　　為避免沾黏，請先在工作台上撒少許高筋麵粉當手粉。

10. 將麵團放到鋪有烘焙墊的烤盤上，保留約2cm間隔，再放入預熱至165℃的烤箱，烘烤14分鐘。

　　奶油烤太焦香氣會消失，只要烤得比平常略微上色即可。餅乾烤好移到散熱架上放涼。

奶油餅乾的風味會依所選的奶油種類而異。使用伊思尼（Isigny）奶油，能夠帶出如同起司般的香氣，愛樂薇（Elle&Vire）奶油則是奶香占上風。假若不喜歡發酵奶油的味道，則推薦選用安佳（Anchor）奶油。

檸檬奇亞籽餅乾

這款餅乾最迷人的地方,就在於入口後,啵啵口感的奇亞籽和酸溜的檸檬,特別適合在炎熱的夏天享用。檸檬可以用萊姆、柚子、香檬等其他柑橘水果代替,每個季節變換不同口味。

Cookies	Tools	Temperature	Oven Time
15片 （5x7cm）	5x7cm 檸檬造型模具	170℃	16分鐘

Ingredients

奇亞籽餅乾
無鹽奶油 50g
糖粉 30g
鹽 1g
檸檬皮屑 2g
蛋黃 3g
鮮奶油 6g
低筋麵粉 80g
玉米粉 3g
奇亞籽 15g

檸檬糖霜
糖粉 200g
檸檬汁 35g

裝飾：檸檬皮屑 適量

Keeping

麵團－冷凍2週

◆冷凍麵團要先冷藏解凍再使用

餅乾－放入有乾燥劑的
密閉容器中2週

◆沒有沾檸檬糖霜的餅乾可以冷
凍保存,享用前先在室溫解
凍,再以170℃回烤2分鐘

奇亞籽餅乾

1. 碗中放入室溫軟化的奶油（20℃），輕輕拌開。

2. 一次加入過篩的糖粉、鹽和檸檬皮屑，慢慢攪拌。

> 檸檬先洗乾，以刨刀刮取黃色表皮使用。小心不要刮到帶有苦味的白色部分。

3. 一次加入蛋黃和鮮奶油，攪拌均勻。

4. 加入過篩好的低筋麵粉、玉米粉，用刮刀切拌至均勻。

> 拌至完全無粉粒的狀態。

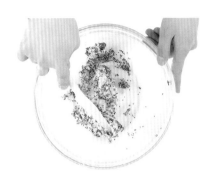

5. 加入奇亞籽，用刮刀切拌
至均勻。

6. 以手掌按壓麵團，反覆壓合
兩次，讓材料均勻混合。

7. 將麵團以保鮮膜包起來隔
絕空氣，接著以擀麵棍稍
微擀平，冷藏2小時。

8. 從冰箱中取出麵團，以擀麵
棍輕輕擀壓。

　　如果麵團太硬，請先以手溫
將麵團稍微壓軟，以免擀壓時麵
團裂開。

奇亞籽富含蛋白質和水溶性膳食纖維，遇水會膨脹約
10-12倍。加入水分不多的麵團中一起烤，不會過度膨
脹，能夠享受到令人著迷的咀嚼口感。

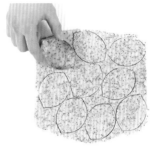

9. 將麵團擀壓成約0.4cm厚度的片狀。

為避免沾黏，請先在工作台上撒少許高筋麵粉當手粉。

10. 以檸檬造型模具分割麵團。

11. 將麵團放到鋪有烘焙墊的烤盤上，保留約3cm間隔，放入預熱至170℃的烤箱，烘烤16分鐘。

烤好移到散熱架放涼。

檸檬糖霜

12. 將糖粉和檸檬汁混合均勻。

書中使用的是5x7cm的檸檬造型模具。

組合

13. 餅乾完全放涼後，在正面
塗抹檸檬糖霜。

14. 用抹刀將背面和四周的糖霜
稍微刮乾淨。

15. 撒上檸檬皮屑，待凝固即
完成。

　　　餅乾完成後，靜置室溫至
少1小時，確保凝固再包裝。

香蕉巧克力餅乾

這款餅乾可以同時享受到香蕉和核桃的香氣,以及巧克力的甜蜜滋味。書中使用帶字母的小香蕉模具,用同一個模具製作外層的巧克力,就能完成有著可愛字母的模樣。

Cookies	Tools	Temperature	Oven Time
15個 (長8cm)	長8cm 小香蕉造型模具	175℃	15分鐘

Ingredients	Keeping
無鹽奶油 50g 細砂糖 40g 鹽 1g 香蕉(搗碎) 45g 香草精 1g 低筋麵粉 85g 烘焙小蘇打 0.4g 泡打粉 0.4g 碎核桃 20g 外層:黑巧克力 150g	餅乾－室溫2週、冷藏1個月 ◆ 若不沾外層巧克力,可冷凍保存。享用前先在室溫解凍,再以175℃回烤2分鐘

1. 在碗中放入室溫軟化的奶油（23℃），輕輕拌開。

　　如果奶油溫度過低，會不容易和香蕉混合。

2. 一次加入所有細砂糖和鹽，以低速攪拌。

　　攪拌至均勻即可。

3. 一次加入搗碎的香蕉和香草精，以低速攪拌均勻。

　　選用全熟香蕉，先以叉子將香蕉搗碎備用。

4. 加入過篩好的低筋麵粉、小蘇打和泡打粉，用刮刀切拌至均勻。

　　拌至完全無粉粒的狀態。

5. 加入烤過的核桃碎攪拌。

　　　　先將核桃碎以175℃烤5
分鐘，放涼後備用。

6. 在小香蕉造型模具上塗一層
薄奶油。

7. 將麵團放入擠花袋，擠入
模具中，約至一半高度。

8. 放入預熱至175℃的烤箱，
烘烤15分鐘。

　　　　烤好後移到散熱架上放涼。

 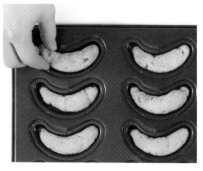

9. 將模具擦乾淨、確實拭乾水分，擠入黑巧克力到約1/4高度。

10. 在巧克力凝固前，放入完全放涼的餅乾。

11. 移到陰涼處，靜待黑巧克力凝固。

12. 黑巧克力凝固後，將模具翻過來，取出餅乾。

蜂蜜栗子餅乾

這款餅乾加了蜂蜜和栗子泥,還包含了蔓越莓乾,既有咀嚼口感,又極具獨特風味,我非常喜歡搭配熱茶享用。 一口咬下,能同時享受到入口即化的栗子餅乾和酸甜的蔓越莓乾。

Cookies	Tools	Temperature	Oven Time
12個 (6cm)	長6cm 栗子造型模	175℃	15分鐘

Ingredients

無鹽奶油 85g　　　低筋麵粉 90g
栗子泥 60g　　　　杏仁粉 25g
防潮糖粉 70g　　　烘焙小蘇打 1g
鹽 0.5g　　　糖漬栗子(切碎)50g
全蛋液 35g　　　蔓越莓乾 50g
蜂蜜 15g
鮮奶油 10g　　　　外層:
香草精 1g　　　黑巧克力 100g
　　　　　　　　白芝麻 50g

Keeping

餅乾－室溫 3天
冷藏 1個月

✦若不沾外層巧克力,可冷凍保存。享用前先在室溫解凍,再以175℃回烤2分鐘

1. 在碗中放入室溫軟化的奶油（21℃），輕輕拌開。

2. 加入栗子泥，均勻攪拌。

3. 分三次加入防潮糖粉，一邊以低速攪拌均勻。

　　糖粉拌勻後再加下一次，直到所有糖粉攪拌均勻混合。

4. 一次加入全蛋液、蜂蜜、鮮奶油和香草精，以低速攪拌均勻。

　　全蛋液和鮮奶油請先置於室溫，以免溫度過低，和奶油攪拌時可能會分離。

5. 加入過篩好的低筋麵粉、杏仁粉和小蘇打，用刮刀切拌至均勻。

　　拌至完全無粉粒的狀態。

6. 加入糖漬栗子碎和蔓越莓乾後，拌勻。

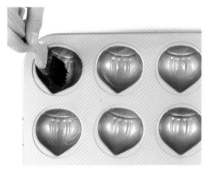

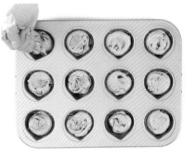

7. 在栗子造型模具上塗一層薄薄的奶油。

8. 將麵團放入擠花袋中，擠入模具到約八成滿。

　　擠入麵團後稍微輕壓，讓麵團表面平整。

書中的糖漬栗子使用的是法國品牌SABATON沙巴東的產品。從糖漿中撈出、搗碎後使用。

189

9. 放入預熱至175℃的烤箱中，烘烤15分鐘。

　　烤好移到散熱架放涼。

10. 餅乾完全放涼後，下面先沾一層融化的黑巧克力。

　　巧克力事先隔水或微波加熱至融化。

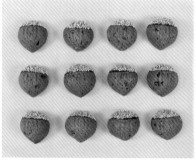

11. 再將沾巧克力的地方接著沾芝麻。

12. 放到烘焙紙上，移到陰涼處，待黑巧克力確實凝固即完成。

椰子幸運籤餅

幸運籤餅中藏著特別的訊息紙條，能夠帶給大家笑容。一般大家想到幸運籤餅時，都會認為是沒什麼味道、單純為了樂趣而存在的餅乾，不過這款餅乾可是充滿了椰子香氣！新年時不妨和家人一起享用幸運籤餅，測試一下今年的運勢吧。

Cookies	Tools	Temperature	Oven Time
20個 （長5cm）	直徑6cm 圓形瓦片酥模	170℃	12分鐘

Ingredients	Keeping
蛋白 90g 糖粉 70g 低筋麵粉 55g 椰子粉 8g 無鹽奶油 52g	餅乾－室溫2週

1. 在碗中放入蛋白和糖粉，攪拌均勻。

2. 加入過篩好的低筋麵粉和椰子粉攪拌。

　　　麵團攪拌過久會出筋變硬，拌至均勻即可。

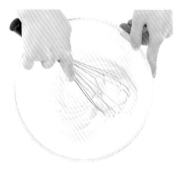

3. 接著加入融化的無鹽奶油（45℃），攪拌至完全平滑、看不見顆粒的狀態。

4. 在烤盤上鋪烘焙紙，接著放上瓦片酥模，用擠花袋擠入麵團。

　　　每個麵團約擠成五十元硬幣的大小。

5. 用抹刀將麵團推抹開來。

　　將麵團整平到和模具等高後，以抹刀刮除多餘麵團。

6. 拿掉模具後，放入預熱至170℃的烤箱中，烘烤約12分鐘。

7. 餅乾烤好後，戴手套放入預備好的紙條，接著快速對摺。

　　餅乾底部朝內，形狀才會漂亮。因為必須趁熱處理，最好多人一起進行。

8. 稍微調整形狀後，將餅乾底部靠在鐵盤邊緣，從中間往下壓成半月形即完成。

　　如果麵團變冷、不好塑形，可以先回烤約15秒再繼續。

玄米佛羅倫丁

酥脆甜口的佛羅倫丁加上玄米，就是充滿東方風情的新式點心。柔軟的杏仁麵團上平均鋪著一層玄米杏仁牛軋糖，每一口都能品嘗到絕佳口感。

Cookies	Tools	Temperature	Oven Time
1片 （直徑15cm）	直徑15cm慕斯圈	175℃	33分鐘

Ingredients

杏仁麵團
無鹽奶油 36g
糖粉 25g
鹽 0.5g
全蛋液 10g
低筋麵粉 55g
杏仁粉 20g

玄米杏仁牛軋糖
細砂糖 25g
鮮奶油 12g
蜂蜜 9g
糖漿 6g
鹽 0.5g
無鹽奶油 22g
玄米粒（炒過） 25g
杏仁片 13g

Keeping

餅乾－室溫2週
冷凍1個月
✦ 冷凍餅乾先在室溫解凍再享用

杏仁麵團

1. 在碗中放入室溫軟化的奶油（19℃），輕輕拌開。

2. 一次加入過篩好的糖粉和鹽，拌勻。

攪拌至均勻即可。

3. 一次加入全蛋液，以低速攪拌均勻。

4. 加入過篩好的低筋麵粉和杏仁粉，用刮刀切拌至均勻。

拌至完全無粉粒的狀態。

5. 以手掌按壓麵團，反覆壓
合兩次，讓材料整體均勻
混合。

6. 將麵團以保鮮膜包起來隔絕
空氣，接著以擀麵棍稍微擀
平，冷藏2小時。

7. 從冰箱中取出麵團，以擀
麵棍輕輕擀壓。

　　如果麵團太硬，請先以手
溫將麵團稍微壓軟，以免擀壓
時麵團裂開。

8. 將麵團擀壓成約0.4cm厚度
的片狀。

　　為避免沾黏，請先在工作台
上撒少許高筋麵粉當手粉。

9. 以針車輪滾過麵團，做出凹洞。

　　　沒有針車輪的話，用叉子在表面戳洞即可。

10. 以15cm慕斯圈切割麵團。

11. 在慕斯圈內側塗一層薄薄的奶油。

12. 將烘焙紙裁成和慕斯圈一樣的高度，放到慕斯圈內側。

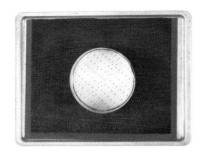

13. 在烤盤上放烘焙墊，先放
    慕斯圈，再放麵團。接
    著放入預熱至175℃的烤
    箱，烘烤13分鐘。

玄米杏仁牛軋糖

14. 在鍋中加入細砂糖、鮮奶
    油、蜂蜜、糖漿、鹽，一
    起加熱。

15. 沸騰後加入奶油，一邊以刮
    刀攪拌。

16. 加入炒過的玄米和杏仁
片，攪拌均勻後關火。

組合

17. 在烤好的杏仁麵團上倒入
玄米杏仁牛軋糖，接著放
入預熱至170℃的烤箱，
烘烤約20分鐘至呈褐色。

18. 出爐後先稍微靜置，再取下
慕斯圈，趁尚有餘溫時分切
成小片。

　　玄米佛羅倫丁放涼再切很
容易裂開，因此放到手摸不會燙
時就可以切了。

莓果巧克力派餅乾

我有時候看到便利商店販售的甜點，就會很想要自己動手做做看。莓果巧克力派的餅皮與棉花糖間夾了一層草莓醬，我一吃完立刻決定將它製作成餅乾版本。熟悉的風味和外型，做成餅乾後無比可愛！麵團散發隱約的榛果香，搭配手工棉花糖與覆盆子草莓醬，組合成極具高級感的手工巧克力派。

Cookies	Tools	Temperature	Oven Time
8個 （直徑6cm）	直徑6cm圓形模具	170℃	15分鐘

Ingredients

Keeping

榛果軟餅乾
無鹽奶油 50g
糖粉 25g
鹽 0.2g
全蛋液 5g
蛋黃 15g
低筋麵粉 70g
榛果粉 30g

香草棉花糖
水 40g
細砂糖 100g
糖漿 20g
蛋白 37g
吉利丁片 3.7g
香草精 1g

麵團－可冷凍2週
✦ 冷凍麵團要先冷藏解凍後再烤

餅乾－室溫2週
冷凍1個月
✦ 冷凍餅乾先在室溫解凍再享用

覆盆子草莓醬
冷凍覆盆子 40g
草莓醬 20g
細砂糖 55g
NH果膠 1.2g

外層巧克力
黑巧克力 600g
草莓巧克力 50g

榛果軟餅乾

1. 在碗中放入室溫軟化的奶油（21℃），輕輕拌開。

2. 一次加入過篩好的糖粉和鹽攪拌。

攪拌至均勻即可。

3. 一次加入全蛋液和蛋黃，以低速攪拌均勻。

4. 加入過篩好的低筋麵粉和榛果粉，用刮刀切拌至均勻。

拌至完全無粉粒的狀態。

5. 以手掌按壓麵團，反覆壓合兩次，讓材料整體均勻混合。

6. 將麵團以保鮮膜包起來隔絕空氣，接著以擀麵棍稍微擀平，冷藏2小時。

7. 從冰箱中取出麵團，以擀麵棍輕輕擀壓。

　　如果麵團太硬，請先以手溫將麵團稍微壓軟，以免擀壓時麵團裂開。

8. 將麵團擀壓成約0.5cm厚度的片狀。

　　為避免沾黏，請先在工作台上撒少許高筋麵粉當手粉。

9. 以直徑6cm的圓形模具切割麵團。

10. 將麵團放到鋪有烘焙墊的烤盤上，保留約3cm間距，接著放入預熱至170℃的烤箱，烘烤15分鐘。

　　用抹刀等工具輔助移動，避免麵團變形。出爐後移到散熱架上放涼。

覆盆子草莓醬

11. 鍋中放入冷凍覆盆子和草莓醬，加熱至40℃。

12. 慢慢加入事先攪拌好的細砂糖和NH果膠，一邊攪拌。

香草棉花糖

13. 以大火加熱到104℃、完全沸騰後，關火放涼。

請以最大的火煮沸。

14. 鍋中加入、水、細砂糖、糖漿，加熱至142℃。

15. 同時將蛋白放入碗中，以高速打發。

請在步驟14煮糖時同步處理，將蛋白打發到碗倒扣也不會滴落的程度。

16. 一邊將步驟14慢慢加入步驟15中，一邊攪拌。

如果不易融合，可以使用攪拌機攪拌。

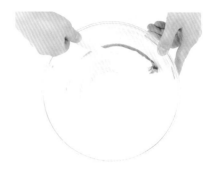

17. 加入融化的吉利丁片，攪拌至35℃。

　　　　將市售的吉利丁片泡入冷水中，完全吸水後用力擠乾，再隔水加熱。

18. 加入香草精攪拌。

組合

19. 餅乾放涼後翻面。

20. 在餅乾上擠香草棉花糖。

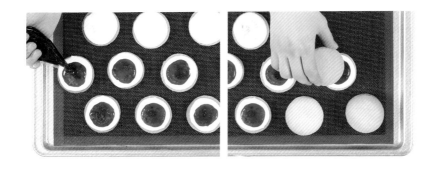

21. 在其中一半的餅乾上，再擠入覆盆子草莓醬。

22. 蓋上一片沒有覆盆子草莓醬的餅乾。

23. 淋上融化的黑巧克力。

　　巧克力可以隔水加熱或微波加熱至融化。趁巧克力凝固前，將餅乾移到烘焙紙上。

24. 待外層巧克力凝固後，以Z字擠上裝飾的草莓巧克力，凝固後即完成。

　　將草莓巧克力裝到擠花袋中，袋口剪小小的洞，就能擠出細線。

胡桃焦糖塔餅

這是以胡桃麵團、碎胡桃、整粒胡桃組成的塔型餅乾，搭配焦糖奶油，香甜又濕潤。放涼直接享用就很美味，也可以用烤箱或氣炸鍋稍微加熱，感受更濃郁的焦糖味。

Cookies	Tools	Temperature	Oven Time
12個 （直徑6cm）	直徑6cm圓形模具 直徑7cm馬芬模具	175℃	22分鐘

Ingredients

塔皮
無鹽奶油 37g
糖粉 35g
全蛋液 15g
蛋黃 3g
低筋麵粉 80g
碎胡桃 5g

焦糖奶油
細砂糖 30g
鮮奶油 45g

胡桃焦糖餅乾
無鹽奶油 66g
紅糖 70g
全蛋液 34g
中筋麵粉 65g
泡打粉 0.4g
烘焙小蘇打 0.6g
焦糖奶油 30g
碎胡桃 50g

裝飾：胡桃粒 12個

Keeping

麵團－冷凍2週
✦冷凍麵團先冷藏解凍再使用

餅乾－室溫1週
冷凍1個月
✦冷凍餅乾先放在室溫解凍，
再以175℃回烤1分鐘

塔皮

1. 在碗中放入室溫軟化的奶油（22℃），輕輕拌開。

2. 一次加入過篩好的糖粉，以低速攪拌均勻。

攪拌至均勻即可。

3. 一次加入全蛋液和蛋黃，攪拌均勻。

4. 加入過篩好的低筋麵粉和碎胡桃，用刮刀切拌至看不見粉粒的狀態。

胡桃先以175℃烤5分鐘，再搗碎備用。

5. 以手掌按壓麵團，反覆壓
合兩次，讓材料整體均勻
混合。

6. 將麵團以保鮮膜包起來隔絕
空氣，接著以擀麵棍稍微擀
平，冷藏2小時。

7. 從冰箱中取出麵團，以擀
麵棍輕輕擀壓。

如果麵團太硬，請先以手
溫將麵團稍微壓軟，以免擀壓
時麵團裂開。

8. 將麵團擀壓成約0.2cm厚度
的片狀。

為避免沾黏，請先在工作台
上撒少許高筋麵粉當手粉。

9. 以針車輪滾過麵團，做出　**10.** 以直徑6cm的圓形模具分割
凹洞。　麵團。

　　沒有針車輪的話，使用叉
子在表面戳洞即可。

 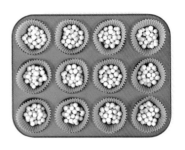

11. 將麵團放入馬芬模具內，　**12.** 在麵團上放紙馬芬杯和烘焙
壓出杯子的形狀。　石，放入預熱至175℃的烤
　箱，烘烤7分鐘。

　　如果沒有烘焙石，可以用
米或豆子代替。烤好直接放涼。

焦糖奶油

13. 在鍋中放入細砂糖加熱。

14. 煮至細砂糖完全融化、呈金黃色後關火,加入溫熱的鮮奶油攪拌,完成後放涼。

> 加入鮮奶油時會產生高溫的水蒸氣,為確保安全,請配戴隔熱手套進行。

胡桃焦糖餅乾

15. 在碗中放入室溫軟化的奶油(22℃),輕輕拌開。

16. 一邊分三次加入紅糖,一邊以低速攪拌均勻。

> 每次都要等拌勻後再加下一次糖,直到整體均勻混合。

17. 一次加入全蛋液，以低速攪拌均勻。

18. 加入過篩好的中筋麵粉、泡打粉和小蘇打，用刮刀切拌至均勻。

拌至完全無粉粒的狀態。

19. 加入放涼的焦糖奶油，切拌均勻。

焦糖奶油不要攪拌過久，可能會導致麵團過硬。

20. 加入烤過的碎胡桃，用刮刀切拌至均勻。

胡桃先以175℃烤5分鐘，再搗碎備用。

組合

21. 塔皮完全放涼後，加入焦糖餅乾麵團至模具約九成高度。

22. 在麵團中間各放一粒胡桃。

23. 放入預熱至175℃的烤箱，烘烤15分鐘即完成。

　　　取出後移到散熱架放涼。

台灣廣廈 國際出版集團
Taiwan Mansion International Group

國家圖書館出版品預行編目（CIP）資料

手工餅乾的基礎：忍不住就想烤來吃！從口感、口味、夾餡到造
型，簡單做出專賣店般的美味曲奇/金多恩著；陳靖婷譯. -- 新北
市：臺灣廣廈有聲圖書有限公司, 2023.04
面；　公分
ISBN 978-986-130-574-5（平裝）
1.CST：點心食譜

427.16　　　　　　　　　　　　　　112001537

手工餅乾的基礎

忍不住就想烤來吃！從口感、口味、夾餡到造型，簡單做出專賣店般的美味曲奇

作　　　者／金多恩	編輯中心編輯長／張秀環・編輯／蔡沐晨
翻　　　譯／陳靖婷	封面設計／張家綺・內頁排版／菩薩蠻數位文化有限公司
	製版・印刷・裝訂／東豪・弼聖・秉成

行企研發中心總監／陳冠蒨	線上學習中心總監／陳冠蒨
媒體公關組／陳柔妤	數位營運組／顏佑婷
綜合業務組／何欣穎	企製開發組／江季珊、張哲剛

發 行 人／江媛珍
法 律 顧 問／第一國際法律事務所 余淑杏律師・北辰著作權事務所 蕭雄淋律師
出　　　版／台灣廣廈
發　　　行／台灣廣廈有聲圖書有限公司
　　　　　　地址：新北市235中和區中山路二段359巷7號2樓
　　　　　　電話：（886）2-2225-5777・傳真：（886）2-2225-8052

代理印務・全球總經銷／知遠文化事業有限公司
　　　　　　地址：新北市222深坑區北深路三段155巷25號5樓
　　　　　　電話：（886）2-2664-8800・傳真：（886）2-2664-8801
郵 政 劃 撥／劃撥帳號：18836722
　　　　　　劃撥戶名：知遠文化事業有限公司（※單次購書金額未達1000元，請另付70元郵資。）

■出版日期：2023年04月　　　　■初版2刷：2024年1月
ISBN：978-986-130-574-5　　　　版權所有，未經同意不得重製、轉載、翻印。

第一本肉桂捲專書！
從經典原味的紮實口感，
到熱銷爆款的濃稠濕潤，
世界甜點冠軍，
教你這款「大人味麵包」的美味祕訣，
從選料調餡到擀捲烘烤，
完整公開零基礎也學得會的關鍵細節。

肉桂捲技法全圖解

基礎也學得會！
從選料、調餡、擀捲到烘烤，
掌握味道口感打造專屬你的大人味！

作者 / 彭浩　　ISBN / 9789861305615

年度百大暢銷之作，
「奧地利寶盒的家庭烘焙」全新篇章──
以粉、糖、油搓揉而成的碎麵團屑，
完成各式甜點、蛋糕、糕點，
溫潤而醇厚的醉心口感、層次、風味，
是家宴、節日與慶典中最受喜愛且不可或缺的美食。

酥菠蘿

奧地利寶盒的家庭烘焙。
以粉、糖、油詮釋豐潤層次，
在糕點酥頂、酥底、內餡、裝飾體現真滋真味

作者 / 奧地利寶盒（傅寶玉）　　ISBN / 9789861305561